高等学校程序设计课程系列教材

程序设计学习健康跑系列教材

C 语言程序设计

王立柱　编著

高等教育出版社·北京

内容提要

本书共 9 章内容：C 语言程序基本结构、函数、指针和数组、顺序表、结构、字符串、文件、链表、二维数组和指针。

本书从属于一个系列——“程序设计学习健康跑”，包括《C 语言程序设计》《C++ 语言程序设计》《数据结构与算法》三本书。

本书由一个程序序列贯穿，每一个程序都是在前一个程序的基础上改进而成，拾级而上；每一个概念就在这个过程中应需而生。

本书配有 MOOC 版多媒体课件：既可以助教，又可以助学；而且可以通过录播，直接生成 MOOC。

本书既可作为高等院校本科和专科 C 语言程序设计课程的教学用书，又可作为编程爱好者的自学教材。

图书在版编目（CIP）数据

C 语言程序设计 / 王立柱编著. -- 北京：高等教育出版社，2019.2

ISBN 978-7-04-051132-1

Ⅰ. ① C… Ⅱ. ①王… Ⅲ. ① C 语言 – 程序设计 – 高等学校 – 教材 Ⅳ. ① TP312.8

中国版本图书馆 CIP 数据核字（2019）第 005883 号

策划编辑 韩 飞　责任编辑 韩 飞　封面设计 王 鹏　版式设计 童 丹
插图绘制 于 博　责任校对 吕红颖　责任印制 田 甜

出版发行 高等教育出版社
社 址 北京市西城区德外大街 4 号
邮政编码 100120
印 刷 人卫印务（北京）有限公司
开 本 787mm×1092mm 1/16
印 张 15.75
字 数 360 千字
购书热线 010-58581118
咨询电话 400-810-0598
网 址 http://www.hep.edu.cn
http://www.hep.com.cn
网上订购 http://www.hepmall.com.cn
http://www.hepmall.com
http://www.hepmall.cn
版 次 2019 年 2 月第 1 版
印 次 2019 年 2 月第 1 次印刷
定 价 32.80 元

物 料 号 51132-00

C语言程序设计

王立柱

1 计算机访问http://abook.hep.com.cn/187902，或手机扫描二维码、下载并安装Abook应用。

2 注册并登录，进入"我的课程"。

3 输入封底数字课程账号（20位密码，刮开涂层可见），或通过Abook应用扫描封底数字课程账号二维码，完成课程绑定。

4 单击"进入课程"按钮，开始本数字课程的学习。

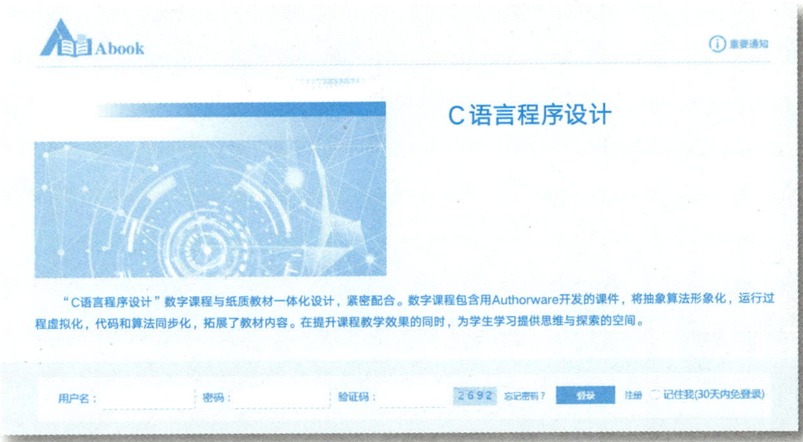

课程绑定后一年为数字课程使用有效期。受硬件限制，部分内容无法在手机端显示，请按提示通过计算机访问学习。

如有使用问题，请发邮件至abook@hep.com.cn。

http://abook.hep.com.cn/187902

这里是罗陀斯，就在这里跳跃吧！

这里有玫瑰花，就在这里起舞吧！

在提倡全民编程的时代，作为教师，经常被问及三个问题：一是学习编程必须学习哪些内容；二是学习编程有什么更有效的方法；三是学习编程有什么更深刻的意义。

1

什么是程序？专业上有一个关于程序本质的经典概括：算法 + 数据结构 = 程序。算法是问题求解的有限步骤，数据结构是算法实现的工具，因此学习编程必须学习数据结构：工欲善其事，必先利其器。

编程需要编程语言，C++ 语言不仅是应用广泛的系统编程语言，而且包含着常用数据结构的标准化即标准模板库，现在的很多编程语言，例如 Java 和 Python，都是在这个基础上开发出来的。因此，学习编程必须学习 C++ 语言。

C++ 语言是在 C 语言的基础上直接发展而来的。用李未院士的“三个语言环境”理论来讲，C++ 是对象语言，C 是解释 C++ 的元语言，C 对 C++ 的解释性关系是模型语言，数据结构是这种解释性关系的一种理想模本，三者密不可分。因此，学习编程必须学习 C 语言。

如上所述，学习编程，必须把 C、C++ 和数据结构作为一个有机的整体来学习。于是，第二个问题可以落实为：学习 C、C++ 和数据结构有什么更有效的方法？

2

练习书法先要临摹字帖，学习写作先要阅读经典。C++ 创始人本贾尼说，学习编程，如同学习写作，先要模仿经典程序。

什么是经典程序？对 C、C++ 和数据结构这个整体来说，C++ 标准模板库就是经典程序，因为它是常用数据结构的标准化。

但是在很多人看来，C++ 标准模板库高不可攀。于是，本书把第二个问题又进一步落实到如何搭建阶梯，使每一个学习编程的人都可以轻松地拾级而上，模仿标准模板库的常用代码。这个阶梯是一个程序序列，它从一个简单程序开始，每一个程序都是在前一个程序的基础上稍加改进而成。它将学习模式从传统的概念引领改为程序引领，概念不再是机械的灌输而是实践的概括。

这个程序序列在 C 语言部分是如何搭建的呢？这要从类型讲起。C 语言和 C++ 语言一样，都是基于类型的编程语言。类型有两类，一类是简单类型，另一类是复合类型。简单类型是独立的类型，主要有整型、实型和字符型。这些类型的差别主要是输入、输出格式符的差别，这种差别使得对一种类型的学习，很容易转换到对另一种类型的学习。因此，本书以整型为主，从一个整数的按位逆置输出程序开始，通过功能的不断扩展，形成一种程序序列，贯穿第 1 章 C 语言程序基本结构和第 2 章函数。

复合类型是依赖其他类型而存在的类型。指针和数组是核心复合类型，它们相互依赖，相互作用，解决了一系列综合性程序设计问题，由此构成若干主题，每一个主题都是一个程序序列，称之为主题程序序列。一个主题程序序列构成一章："指针和数组密切相关"，这是第 3 章指针和数组的主题；"顺序表是带有基本函数的数组"，这是第 4 章顺序表的主题；"字符串既是特殊的数组，也是特殊的顺序表"，这是第 6 章字符串的主题；"文件是隐式的顺序表"，这是第 7 章文件的主题；"链表是拓扑意义上的顺序表"，这是第 8 章链表的主题。

显然，在本书的第 3 章至第 8 章，顺序表起到承上启下的作用。但是顺序表在传统教法中是数据结构的内容，在一般的 C、C++ 和数据结构的系列课程中是最后的环节。讲授方法是：概念、伪码和实现——从一般到个别。而在本书中，顺序表是作为改进的数组而存在的，在本书代表的 C、C++ 和数据结构的系列中，它是首要环节。讲授方法是在一个数组求和程序的不断完善中自然生成的——从个别到一般。

在程序序列生成的过程，用到若干科学方法，如对称性和类比，这些方法使学习更轻松，更有效，避免了知识碎片化。所谓对称性是指变换下的不变性。很多程序都是由前一个程序经过变换而来，但是原来程序的基本功能不变。经过变换，程序的用户体验更好，复用性更高，功能更强，阅读和调试更容易。即使像顺序表，顺序表类，标准模板库中的 Vector 和 List 这样重要的代码，都是经过对称变换生成的。类比是大家熟悉而见效的方法，主题程序序列的生成很多都用到这种方法，例如，C 字符串分别与数组和顺序表进行类比，文件与顺序表进行类比。

本书不包含递归，这是因为递归是非线性算法的必要手段，而非线性算法是数据结构的主要内容。将正确的内容放在正确的地方，可以使科学方法有用武之地，事倍功半。例如，将汉诺塔和二叉树中序遍历类比，快速排序和二叉树前序遍历类比，通过这些类比，不仅可以轻松地实现复杂的递归，而且可以轻松地将递归转为迭代。

本书配有用 Authorware 开发的课件，与章节一一对应，将抽象算法形象化，运行过程虚拟化，代码和算法同步化。毕竟，文不如表，表不如图，一个精准的演示，胜过千言万语。

3

从中学到大学，学习的逻辑内容发生了根本变化：中学学习形式逻辑，大学学习辩证逻辑，即辩证法。恩格斯说，"一个民族想要站在科学的最高峰，就一刻也不能没有理论思维"。这里的理论思维主要是指辩证逻辑思维。

在中学，形式逻辑的主要模本是几何学，在大学，辩证逻辑的主要模本是高等数学和物理学。在提倡全民编程的时代，是否应该将程序设计也作为辩证逻辑的模本呢？程序设计既具有高等数学的逻辑性，又具有物理学的实验性，而且作为计算机科学的核心，已经深入到每一个研究领域，促进着每一个领域的变革。我们坚信，将程序设计作为辩证逻辑的模本，是一种理想的选择。

C、C++ 和数据结构，就是在这个方向上进行整合的，本书也是在这种整合中进行布局的：复合类型是依赖其他类型而存在的类型，这不是辩证逻辑意义上的概念吗？将指针和数组视为最重要的复合类型，由它们的相互依赖和相互作用的结果构成本书的主要章节，这不是丰富了辩证逻辑的科学内涵吗？

4

如何使用本书,这里提出若干建议。

一是注重概念。本书中的概念都是程序设计的阶段性概括,它可以帮助学生更好地理解程序,再现程序。因此,作业和测试应设简答题、选择题和判断,用以检查概念。

二是注重模仿。学习编程从模仿开始,顺序表基本函数,字符串基本函数和链表基本函数都是应该模仿的程序。因此,作业和测试应设模仿题:自定义顺序表基本函数、自定义字符串基本函数和自定义链表基本函数。每一道题都包含一个主函数,用来调用相应的基本函数,检验是否正确。不要担心学生死记硬背,因为程序只有理解记忆,才能调试通过。

三是注重文档。作业和测试要包含两类程序设计题:一类是根据内部文档编写程序,即根据功能描述和步骤说明来编写程序;二是根据功能描述编写程序,同时要给出步骤说明。

四是以赛带学。阶梯搭建起来了,人人都可以登临,比赛是最好的促进学习的手段。比赛内容分为三种:“微马”“半马”和“全马”。C 语言部分只是“微马”,主要内容是第二部分:自定义顺序表基本函数、自定义字符串基本函数和自定义链表基本函数。

5

把 C、C++ 和数据结构整合为辩证逻辑的模本,使更多的人以健康跑的形式不仅可以有效地学习,而且可以轻松快乐地学习。本书和后续的《C++ 语言程序设计》《数据结构与算法》构成一个“程序设计学习健康跑”系列,由王立柱教授编写完成,前后一共改版 5 次,相应的改革先后在天津师范大学、北京商务学院、对外经贸大学和湖北工业大学实验推广,得到很多专业人士和朋友的支持和鼓励,借此机会,表示衷心感谢。本书肯定还存在许多需要改进的地方,希望能得到读者更多具有建设性的意见。

编　者

2018 年 11 月 28 日

目　录

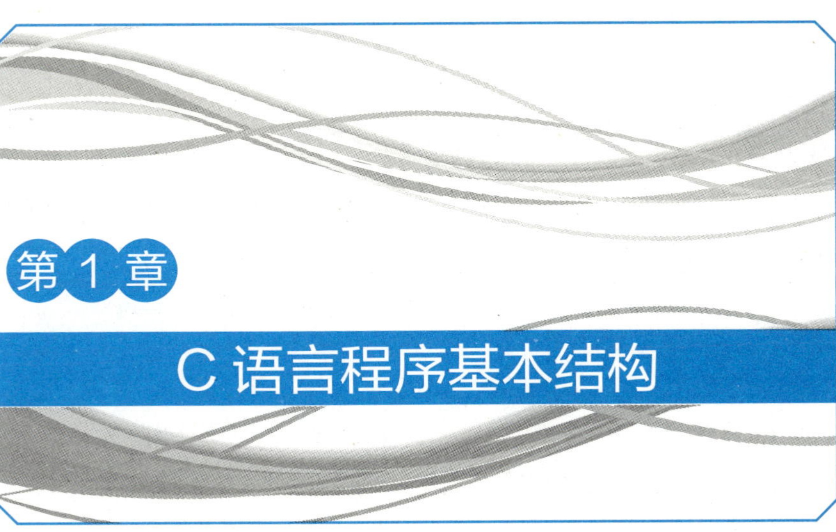

第1章 C语言程序基本结构

C语言和多数编程语言一样，核心概念是类型。

——Bjarne Stroustrup

计算机程序是用编程语言表示的一组语句，一条语句是一条指令，每条指令一般都指示计算机完成一个数据处理步骤，计算机按步骤完成一个特定的数据处理任务。完成一个特定的数据处理任务所需的有限步骤称为**算法**。

在C编程语言中，数据按类型划分，例如，整型、实型、字符型等。而任何类型的数据在计算机处理中都首先需要存储。计算机存储器也称**内存**，由一些连续的字节构成，每一个字节有8位，每一位存储0或1。**数据类型**决定了数据内存单元的大小、存储格式以及对数据可以实施的基本操作。

例如：一个整数345，其类型为整型，它占4个连续字节，这是内存空间的大小；一个字节有8位，4个字节一共32位，用1位存储符号，其他存储数值，这是存储的格式；对整数可以实施加（+）、减（-）、乘（*）、整除（/）、求余（%）等运算，这是对整数可以实施的基本操作。

C语言程序设计是在数据类型的基础上展开的。下面的学习从整型开始，整型、实型和字符型是C语言基本类型，而且一种类型的学习，很容易平移到另一种类型。

1.1 第一个C语言程序

如何编写并运行一个C语言程序呢？下面通过一个具体实例来熟悉它的基本过程。这个实例是，将整数345在显示器上按位逆序输出，即输出543。

1.1.1 编程基本过程

1. 对象和变量

计算机所处理的数据既要按类型划分，又要存储，这就产生了一个概念：对象。所谓**对象**是指与类型相关联的内存单元。有名称且其值可以改写的对象称为**变量**。用名称来读写对象中的数据称为**直接访问**（也称**直接寻址**）。

程序员一般通过变量定义得到变量。变量定义格式如下：

类型　变量1，变量2，…，变量*n*；

类型分基本类型、复合类型和程序员定义类型，基本类型的标识符是系统**保留字**，也称**关键字**，例如，整型是基本类型，关键字是int。变量名是程序员根据命名规则来命名的（参见附录A）。变量名要尽可能反映数据的意义，以助于阅读理解。逗号是变量分隔符。分号是语句结束符。以整型变量定义为例：

```
int n;                    //定义一个整型变量n
```

其中，int表示整型，n是变量名。执行这条语句之后，程序员就得到一个名称为n的整型对象。由双斜杠（//）引导的文字是注释，用于语句的解释，帮助阅读理解，它不是语句。一个双斜杠只能引导一行注释。

有了变量之后，一般用赋值操作给变量赋值，例如：

```
n=345;                    //给变量n赋值
```

其中“=”是赋值操作符。赋值操作从赋值操作符的右元读取值，写入左元。

变量的定义和赋值可以合并为一条语句，称为变量**初始化**：

```
int n=345;                //整型变量n初始化
```

2. 已知程序

编写一个程序一般都要调用已知的程序，用已知求解未知。已知程序主要分三类：数据类型提供的基本操作，C语言自带的库函数，程序员自己设计的函数。

（1）数据类型提供的基本操作，这是C语言的根基。它们一般用运算符表示。例如，整型的基本操作有加（+）、减（-）、乘（*）、整除（/）、求余（%）等。要把一个整数按位逆序，需要用到整除（/）和求余（%），例如，假设整型变量n的值是345，那么用10求余（n%10）可以得到个位数5；用10整除，再用10求余（n/10%10）可以得到4，等等。

（2）C语言自带的库函数，这是常用的C语言程序。在显示器上输出一个数值要用到C

语言自带的函数printf( )。C语言自带一些常用函数,这些函数称为**标准库函数**。标准库函数按类划分,每一类都包含在一个扩展名为.h的文件中。这些文件称为**系统头文件**。例如,printf( )包含在stdio.h中,常用数学函数包含在math.h中。一个程序要调用一个标准库函数,必须使用文件包含命令,将该函数所在的头文件加入到程序中。文件包含命令的格式如下:

```
#include<系统头文件>
```

例如:

```
#include<stdio.h>
```

命令不是语句,结尾不带分号。

printf( )的使用格式如下:

```
printf(格式控制字符串,输出参数);
```

其中,格式控制字符串以双引号为界限符,包含格式说明符,用以指定输出参数的类型和输出格式。例如:

```
printf("%d",n);
```

其中%d是格式说明符,n是输出参数,%d指定输出参数的值按整型十进制格式输出。格式说明符和输出参数要对应,类型要一致。毕竟,C语言处理的数据都是某种类型的数据。

关于printf( )的其他内容,随着程序设计的逐步深入而引入。

(3)程序员自己设计的函数。这部分内容从第2章开始介绍。

3. 程序设计

编写程序,将整型变量n的值按位逆序输出,已知n的值是345。

程序设计一般包含算法设计和编程语言描述即实现。如果算法比较简单,或者编程语言的语句功能很强,那么算法的每一个步骤都可以直接用语句来描述。现在的设计就属于这种情况。

(1)输出个位数。用10对n求余,得到个位数5。然后调用函数printf( )将5输出到显示器。

```
printf("%d",n%10);            //输出n的个位数5
```

(2)输出十位数。用10整除n,把n的值降为34,然后输出其个位数4。

```
n=n/10;                       //把n的值降为34
printf("%d",n%10);            //输出n的个位数4
```

(3)输出百位数。继续用10整除n,把n的值降为3,然后输出其个位数3。

```
n=n/10;                       //把n的值降为3
printf("%d",n);               //输出n的个位数3
```

把上面的语句依次编辑到C程序框架,就得到一个C程序。C程序框架是一个主函数框架,如下所示:

```
int main()                    //主函数头
{                             //主函数体开始
    一组C语言语句             //每条语句以分号结束
```

```
    return 0;                 // 把 0 传递给系统,表示程序正常结束
}                             // 主函数体结束
```

程序 1.1 将一个整数在显示器上按位逆序输出。

```
#include<stdio.h>             // 标准输入输出函数库
int main( )
{
    int n=345;                // 整型变量 n 初始化
    printf("%d",n%10);        // 输出 n 的个位数 5
    n=n/10;                   // 把 n 的值降为 34
    printf("%d",n%10);        // 输出 n 的个位数 4
    n=n/10;                   // 把 n 的值降为 3
    printf("%d",n);           // 输出 n 的个位数 3

    printf("\n");             // 输出一个换行符

    return 0;
}
```

程序运行结果:

```
543
```

程序分析:

(1) 变量定义或初始化要置于其他操作语句之前。

(2) 变量必须先赋值,后处理。一个变量如果没有赋值,那么它存储的是一个无意义的值。处理这种变量,其结果也是无意义的,称之为"垃圾入,垃圾出"(garbage in, garbage out)。

(3) 语句 printf("\n") 的功能是输出一个换行符,使输出结果更清楚。它没有对应的输出参数。一个反斜杠加一个字符 n,构成一个转义字符(参见附录 B.3),用于控制,表示换行。

(4) 程序 1.1 的语句是自上而下依次执行的,这种语句关系称为**顺序结构**。

(5) 注释部分是一个程序的内部文档,用于解释一条语句或一组语句。

(6) 一个整型对象占 4 个字节,一个字节 8 位,一共 32 位。最高位表示符号(0 代表正,1 代表负),其余的位表示数值。数值范围是 -2^{31}~$2^{31}-1$,即 −2 147 483 648~2 147 483 647,超出这个范围称为**算术运算溢出**。

1.1.2 集成开发环境

用 C 语言编写的程序称为 C **源代码**或 C **程序文本**,C 源代码文件的扩展名是 .c 或 .h。编写工作一般是在计算机上利用**编辑器**完成的。C 源代码必须转换为计算机可以执行的**机器代码**或**目标代码**,完成这一转换过程的是**编译器**。目标代码文件的扩展名在 Windows 中是 .obj,

在 UNIX 中是 .o。一个 C 源代码一般由若干部分构成,不同部分一般由不同人编写。例如,程序 1.1 的主函数是我们编写的,库函数中的标准输出函数是别人编写的。每一部分称为一个**翻译单元**。由每一个翻译单元转换而成的目标代码需要链接,生成**可执行程序**,完成这一工作的是**链接器**。可执行程序文件的扩展名是 .exe。它们之间的关系如图 1-1 所示。

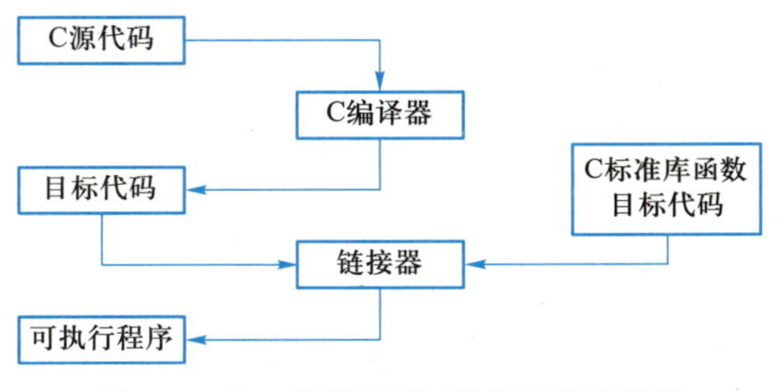

图 1-1 从 C 源代码到可执行程序示意图

编辑器、编译器和链接器都是软件,都是程序员的开发工具。把它们一体化的软件称为**"集成开发环境"**(integrated development environment, IDE)。集成开发环境不止一种,具体使用哪一种视具体情况而定。

一个 C 源代码,在编译、链接和运行过程中,难免出现错误,查找并修改错误的过程称为**程序调试**。

由编译器发现的错误称为**编译时错误**。语法不正确的都属于这类错误。例如,变量名不符合命名规则,关键字拼写有误,语句结束时丢失分号,括号不匹配。另外,标点符号用了中文符号,而没有用西文符号也是编译时错误。

由链接器发现的错误称为**链接时错误**。例如,调用了并不存在的函数。

程序运行时才发现的错误称为**运行时错误**或**逻辑错误**。以程序 1.1 为例,把语句 n=n/10 写成 n/100,运行结果不正确,这是算法错误,是典型的逻辑错误。最难调试的是运行时错误或逻辑错误,因为一般没有任何错误提示。

除逻辑错误之外,其他错误一般都有错误提示。必须从第一个错误开始查找和修改,而每修改一个错误,都要重新编译,因为后面的错误可能是前面的错误引起的。

集成开发环境不同,错误的归类也不同,但是错误提示中一般都会指出错误类型。

1.1.3 字面常量、左值和右值

1. 字面常量

C 程序所处理的数据都是存储在对象中的数据,因此,在 C 程序中,数据都是用对象表示的。程序 1.1 中的 345 也不例外,它和变量 n 一样,也有内存单元,这个单元也是对象。只是这种对象的值不可改变。把其值不可改变的对象称为**常量**。而且,345 是一种特殊的常量,它的标识符由其存储的值和表示类型的后缀或界限符所组成,这种常量称为**字面常量**。例如,52388L 是长整型字面常量,其中 52388 是存储的值,L 表示长整型(长整型与整型的区别主要

是占用字节的多少);345 是普通整型字面常量,它的类型是默认的,这时,常量的标识符就是常量的值,如图 1-2 所示。

图 1-2 字面常量示例

变量的值既可以读取,也可以改写,而字面常量的值只能读取,不能改写。这种差异可以用左值和右值的概念来准确地描述。

2. 左值和右值

赋值操作符的执行过程是,从右元读取值,写入左元。但是很多读写操作并不是显式地用赋值操作符来表示的,因此,赋值操作符的左元和右元的概念需要延伸,延伸后的概念便是左值和右值。

如果一个对象的值可以读取,那么这个对象称为**右值**(r-value,读作 are-value);如果一个对象的值可以改写,那么这个对象称为**左值**(l-value,读作 ell-value)。左值肯定是右值,反之不然。变量是左值,因此也是右值,而字面常量只能是右值。例如:

```
345=n;                          //错!
```

编译器就会报错:'=': left operand must be l-value。意思是,赋值操作符的左元必须是左值。

1.1.4 表达式

在程序 1.1 中,345、n、n=345、n%10 和 n=n/10 有一个统一的名称:**表达式**。何谓表达式?常量和变量是表达式,由操作符依法连接起来的表达式依然是表达式。

每一个表达式都有一个确定的值。在计算机中,数据都是用对象表示的,表达式的值也不例外,不过这个对象可能是显式对象,也可能是隐式对象。例如,表达式 n 和 345,它们的值存储在各自所表示的对象中,这是显式对象。

每一个操作符和其操作数所构成的表达式都是一个基本操作,而基本操作的本质是程序,表达式的值是这个程序的结果。这个值一般都存储在一个隐式对象中。以表达式 n%10 为例:假设 n 的初值是 345,计算机从对象 n 和 10 中分别取值 345 和 10,用 10 对 345 求余,将结果 5 存入一个隐式对象。这时 n 的值并没有变化,还是 345,而表达式的值是隐式对象的值。

表达式 n=n/10 由两个操作符构成。假设 n 的初值是 345。系统先执行表达式 n/10:从对象 n 和 10 中分别取值,计算后将结果 34 存入一个隐式对象,不妨假设这个隐式对象是 _temp。然后执行表达式 n=_temp,结果 n 的值为 34,这也是表达式的值,但它存储在一个隐式对象中。

在 C 语言中,如果表达式的值存储在一个隐式对象,那么表达式只能是右值,不能是左值。下面举例说明:

```
x=y=20                          //正确。相当于 x=(y=20)
```

```
(x=y)=20                    //错
```

表达式 x=y=20 的执行顺序是，先执行表达式 y=20，y 的值是 20，表达式的值也是 20，但存储在一个隐式对象，不妨假设为 _temp，然后执行表达式 x=_temp，x 的值是 20，表达式的值也是 20，但存储在一个隐式对象中。

表达式（x=y）=20 的执行顺序是，先执行表达式 x=y，x 的值是 y 的值，表达式的值也是 y 的值，但存储在一个隐式对象，不妨假设是 _temp，然后执行表达式 _temp=20，这就错了，因为隐式对象不能是左值。值得一提的是，在 C++ 语句中，这种赋值是可行的，但这绝不是一个简单的语法问题，而是对 C 语言局限性的一个创造性的、具体的解决方案，是学习 C++ 的起点。

一个表达式加分号便是一个语句，称为**表达式语句**。例如：

```
n=345;
x=y=20;
n=n/10;
```

1.1.5 对象的地址

计算机存储器（也称内存）是一个连续的字节序列（一个字节有 8 位），每一个字节都有一个用整数表示的地址。地址从 0 开始，相邻的字节，地址相差 1。存储器有多少字节，取决于地址线有多少。在 32 位操作系统中，地址线有 32 根，地址取值范围是 0~$2^{32}-1$，因此，存储器的字节数是 2^{32}（4 GB）。

在 C 语言中，一个对象占几个字节即一个对象的大小由类型决定。例如，一个整型对象占连续 4 个字节，首字节的地址是该对象的地址，如图 1-3 所示。

在一个函数中定义的对象，例如在函数 main( ) 中定义的 n，其内存单元在函数执行时由系统生成即分配，在函数结束时，由系统撤销即收回。函数的一次执行时间称为该对象的**生命周期**。在这个周期，可以利用取址符 & 获得该对象的地址。地址是计算机的硬件特征，利用地址可以提高程序的效率。

但是对字面常量不能寻址。例如，&345 是错的。为什么呢？因为这种对象的生命周期只是它所在的表达式的一次执行时间。对这种“转瞬即逝”的对象寻址是没有意义的。类似的，如果表达式的值存储在一个隐式对象，那么对表达式不能寻址，例如，&（n%10）是错的。

现在得知，一个对象至少有三个值：它存储的值、它的地址和它的字节数。利用取址符 & 可以取得对象的地址，利用操作符 sizeof 可以计算对象的字节数。

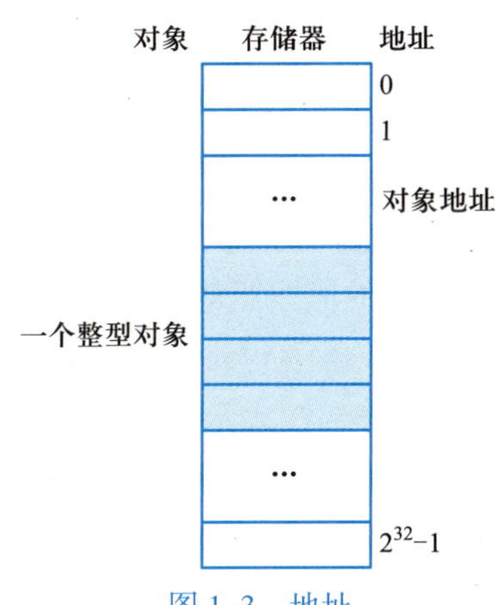

图 1-3 地址

程序 1.2 输出一个整型变量的值、地址和字节数。

```
#include<stdio.h>
int main( )
```

```
{
    int n=45678;                           //整型变量 n 初始化
//输出变量 n 的值
    printf("the value:");                  //输出提示
    printf("%d",n);
    printf("\n");                          //输出一个换行符
//用十六进制输出变量 n 的地址
    printf("the address in hex:");         //输出提示
    printf("%x",&n);
    printf("\n");                          //输出一个换行符
//输出变量 n 的字节数
    printf("the bites:");                  //输出提示
    printf("%d",sizeof(n));
    printf("\n");                          //输出一个换行符

    return 0;
}
```

程序运行结果:

```
the value:45678
the address in hex:12ff44
the bites:4
```

程序分析:

(1) 一个对象的空间由系统根据运行时状态分配,因此系统不同,或程序运行时段不同,变量的地址不同。

(2) 一个对象占多少字节是由其类型决定的,因此操作符 sizeof 既可以用于变量,例如 sizeof(n),也可以用于类型,例如 sizeof(int),结果一样。

(3) 在输出部分:第一条语句 printf("the value:")没有输出参数和相应的格式说明符(例如"%d")。也没有转义字符(例如"\n"),格式控制字符串只是一段文本(the value:),它是输出提示。这种文本全文输出。

第二条语句 printf("%d", n),只有一个格式说明符"%d"和对应的输出参数 n。根据格式说明符,n 的值按照整型十进制格式输出。

第三条语句 printf("\n")没有输出参数和相应的格式说明符,格式控制字符串只包含一个转义字符"\n",表示换行。

到此,函数 printf( )的格式控制字符串所包含的三类内容都完整了:文本(例如:the value:),格式说明符(例如:%d),转义字符(例如:\n)。这三条语句可以直接合并为一条语句:文本、格式说明符和转义符字符自然连接为格式控制字符串,其中格式说明符 %d 对应输出参数 n。

```
printf("the value:%d\n",n);
```

（4）在输出变量空间地址的部分：第二条语句 printf("%x",&n)中的格式说明符“%x”表示整型十六进制，输出参数 &n 按照这种格式输出。这里的三条语句可以合并为一条语句如下：

```
printf("the address in hex:%x\n",&n);
```

（5）在输出变量空间字节数的部分：第二条语句是 printf("%d",sizeof(n))，其中输出参数 sizeof(n)是计算整型变量 n 的字节数。这里的三条语句可以合并为一条语句如下：

```
printf("the bites:%d\n",sizeof(n));
```

（6）上面合并后的三条语句还可以合并为一条语句：

```
printf("the value:%d\nthe bites:%d\nthe address in hex:%x\n",n,
sizeof(n),&n);
```

不过，这种合并的结果并不利于阅读，应该尽量避免。

程序 1.3 输出一个双浮点型变量的值、地址和字节数。

```
#include<stdio.h>
int main()
{
    double x=3.141593;                  //双浮点型变量 x 初始化
//输出变量 x 的值
    printf("the value:");
    printf("%Lf",x);                    //%Lf 是双浮点型对象的格式说明符
    printf("\n");
//用十六进制输出变量 x 的地址
    printf("the address in hex:");
    printf("%x",&x);
    printf("\n");
//输出变量 n 的字节数
    printf("the bites:");
    printf("%d",sizeof(x));
    printf("\n");

    return 0;
}
```

程序运行结果：

```
the value:3.141593
the address in hex:12ff40
the bites:8
```

程序分析：

双浮点型(double)是一种实型，这种类型的对象需要 8 个字节。格式说明符是 %Lf。字符 L 可以改为小写，但是容易和数字 1 混淆(参见附录 B)。

作为本节的结束，这里用程序回答一个学生的提问：一个单元的类型是否是固定的？表 1–1 的两个程序给出回答。

表 1–1 空间类型测试

<table>
<tr><td>

程序 1.4 空间测试

```
#include<stdio.h>
int main( )
{
    float x=3.1415f; // 单浮点实型
    int n=456;
    printf("&x=%x, &n=%x\n", &x, &n);
    printf("x=%f, n=%d\n", x, n);
    return 0;
}
```

程序运行结果：

```
&x=12ff44, &n=12ff40
x=3.141500, n=456
```

</td><td>

程序 1.5 空间测试

```
#include<stdio.h>
int main( )
{
    int n=456;
    float x=3.1415f;
    printf("&n=%x, &x=%x\n", &n, &x);
    printf("n=%d, x=%f\n", n, x);
    return 0;
}
```

程序运行结果：

```
&n=12ff44, &x=12ff40
n=456, x=3.141500
```

</td></tr>
</table>

程序分析：

(1)类型标识符 float 表示实型中的单浮点型，这种类型的字面常量要带标识符 f，例如，3.1415f。格式说明符为 %f。它与双浮点实型的差别主要是存储空间大小可能不同。

(2)地址为 12ff44 的对象和地址为 12ff40 的对象，在程序 1.4 中依次是变量 x 和 n，但是在程序 1.5 中就反过来了，依次是变量 n 和 x。这就是说，同一个单元，在不同的程序中可以用于不同类型的对象，如图 1–4 所示。

(3)计算机是按“后进先出”的栈机制管理内存的，先定义的变量，先分配单元。

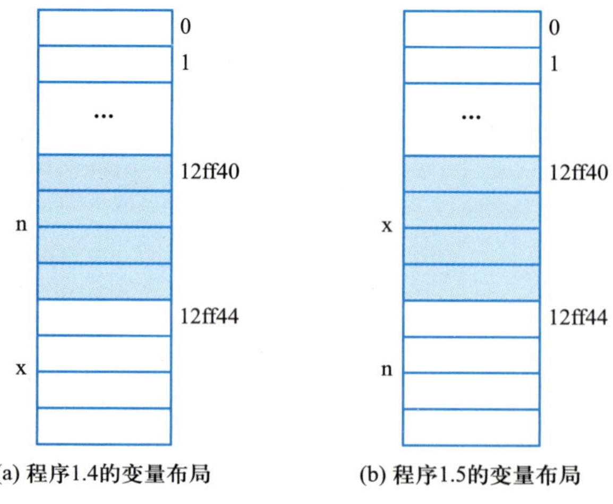

图 1–4 变量内存示意图

计算机科学不仅具有数学一样严谨的逻辑，而且具有物理一样可控的实验，这是计算机科学的独特魅力。

1.2 循环结构

程序 1.1 有一个明显的不足：变量的值如果位数有所变化，代码都要做比较大的修改。为了改进，首先对程序 1.1 做一个“微调”，但不改变程序功能。

程序 1.6 对程序 1.1 的“微调”。

```
#include<stdio.h>
int main( )
{
    int n=345;

    printf("%d",n%10);
    n=n/10;

    printf("%d",n%10);
    n=n/10;

    printf("%d",n%10);      //“微调”部分
    n=n/10;

    printf("\n");
    return 0;
}
```

程序分析：

程序 1.6 只是把程序 1.1 中的一条语句

```
printf("%d",n);             //输出 n 的个位数 3
```

改为两条语句

```
printf("%d",n%10);          //输出 n 的个位数 3
n=n/10;
```

就输出语句来说，结果是一样的，因为这时 n 的值是 3，对 3 求余，结果还是 3。增加一条语句 n=n/10，使 n 的值变为 0，并不影响程序输出结果。

但是，这一“微调”，使程序中的语句呈现出了规律：一组语句重复执行，直至 n 的值为 0。

对这种按规律重复的语句，可以用一种结构来表示。在这种结构中，重复的语句只出现一

次，重复的次数由条件控制。这种结构类似于级数的通式。在程序语言中，这种结构称为**循环结构**，每一种高级语言都有相应的语句表示这种结构，可能只是格式不同。

1.2.1 while 语句

while-do 是一个表示循环结构的语句，格式如下：

```
while(表达式)
循环体
```

循环体包含一条或若干条语句。如果是若干条语句，就要用大括号括起来，表示逻辑上是一体，是一条语句。

执行过程如下。

（1）检验表达式。若表达式为真，即非 0，则进行（2），否则，结束 while-do 语句。

（2）执行循环体。返回（1）。

表达式称为 **while 子表达式**，循环体每执行一次称为一次**迭代**（itteration），如图 1-5 所示。

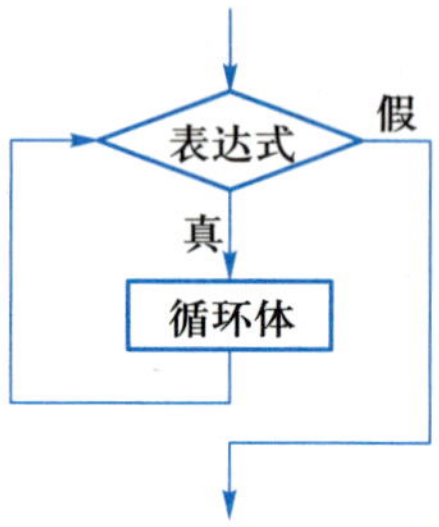

图 1-5 while-do 语句示意图

程序 1.7 用 while-do 语句扩展程序 1.1。

```
#include<stdio.h>
int main()
{
    int n=34567;            //初始化

    while(n!=0)             //直到 n 的值为 0，结束迭代
    {
        printf("%d",n%10);
        n=n/10;             //把 n 的值降一阶
    }

    printf("\n");           //输出一个换行符
    return 0;
}
```

程序运行结果：

```
76543
```

程序分析：

（1）while-do 语句的子表达式 n!=0 用到关系操作符 “!=”，表示 “不等于”。关于关系操作符的具体内容请见 1.6 节。

（2）while-do 语句执行了 5 次迭代。

（3）循环语句经常出现的错误是迭代无限次，俗称“死循环”。while-do 语句有两种典型错误可以造成“死循环”。

一种是丢失语句 n=n/10。

```
while(n!=0)
{
    printf("%d",n%10);
    //此处丢掉语句 n=n/10
}
```

这时，n 的值始终不变，表达式 n!=0 永远是真，因此迭代不止，一直在输出个位数 7。

另一种是多了分号。

```
while(n!=0);                //此处多了分号
{
    printf("%d",n%10);
    n=n/10;
}
```

这时的循环体不再是一对大括号所界定的两条语句，而是多出来的分号。

```
while(n!=0)
;                           //循环体是一个分号
```

分号也是语句，称为**空语句**，它什么也不做，但是掩盖了一个语义错误。每次迭代都只执行这条空语句，n 的值始终不变，因此没完没了地迭代，显示器“一抹黑”。

（4）while-do 语句在每一次迭代之前都要检验表达式的值，即先检验后迭代，称为**先验循环**（pretest loop）。这样的语句可能一次迭代都没有。例如，当 n 的初值为 0 时，就会出现这种情形，结果什么也没有输出。

还有一种 while 语句是**后验循环**（posttest loop），即先迭代后检验。不管是什么条件，迭代至少执行一次，这便是 do-while 语句。do-while 语句格式如下：

```
do
{
    //循环体
}while(表达式);
```

执行过程如下。

（1）执行循环体。

（2）检验表达式，若为真，即非 0，则返回步骤（1），否则，结束 do-while 语句，如图 1-6 所示。

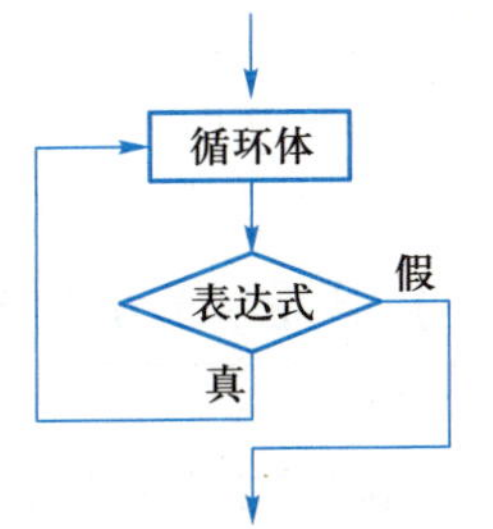

图 1-6 do-while 语句示意图

程序 1.8 程序 1.7 的 do-while 语句版。

```
#include<stdio.h>
```

```
int main( )
{
    int n=34567;            //初始化
    do
    {
        printf("%d",n%10);
        n=n/10;             //把n的值降一阶
    }while(n!=0);           //直到n的值为0,结束迭代

    printf("\n");           //输出一个换行符

    return 0;
}
```

程序分析：

（1）当n的初值为0时，迭代执行一次，输出0。

（2）do-while语句的结尾容易丢失分号。

```
{
    printf("%d",n%10);
    n=n/10;
}while(n!=0)                //错!结尾丢失分号
```

（3）do-while语句容易丢失关键字do，这会导致“死循环”。

```
//此处丢失关键字do
{
    printf("%d",n%10);
    n=n/10;
}while(n!=0);
```

实际上，这已经退化为while-do语句。大括号界定的两条语句不再是循环体，它们只是顺序执行一次，接下来执行的是上面刚刚讲到的while-do的“死循环”语句，如下所示：

```
printf("%d",n%10);          //执行一次
n=n/10;                     //执行一次
while(n!=0);                //死循环语句
```

1.2.2 for语句

以程序1.7为例，看while-do循环的特点。

（1）表达式含有变量n，在while-do语句前，要给n赋初值（n=34567），否则处理的是一个

无意义的数。

（2）每次迭代都要改变 n 的值（n=n/10），否则将是“死循环”。

因此，while-do 的完整逻辑结构应该是

```
int n=345678;              // 给 n 赋初值
while(n!=0)                // 检验 n 的值是否为 0
{
    printf("%d",n%10);
    n=n/10;                // 改变 n 的值
}
```

给 n 赋初值和改变 n 的值这两个表达式语句，与 while 语句的子表达式在逻辑上是**一体**的，但是在形式上是分置的，这很容易出错。如果封装在一起便是 for 语句。for 语句的格式如下：

```
for(表达式 1;表达式 2;表达式 3)
    循环体
```

例如：

```
for(n=345678;n!=0;n=n/10)
```

执行过程如下。

（1）计算表达式 1。

（2）检验表达式 2，若为真，则执行循环体，否则，结束 for 语句。

（3）计算表达式 3，然后返回（2）。

其中，表达式 1、表达式 2 和表达式 3 分别称为 **for 子表达式 1**、**for 子表达式 2** 和 **for 子表达式 3**，如图 1–7 所示。

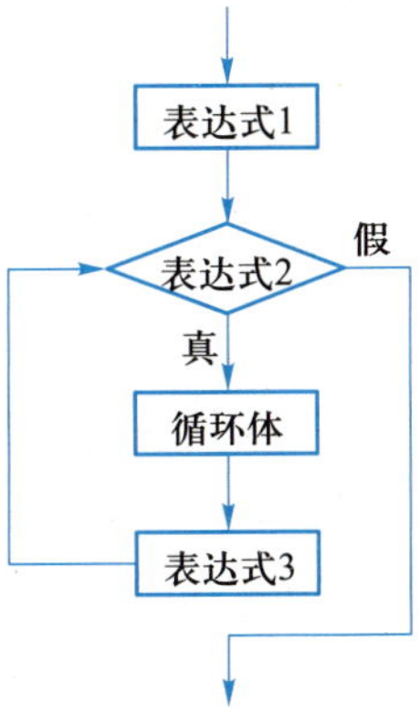

图 1–7 for 语句示意图

程序 1.9 用 for 语句实现程序 1.7。

```
#include<stdio.h>
int main()
{
    int n;                     // 整型变量 n

    for(n=34567;n!=0;n=n/10)
        printf("%d",n%10);

    printf("\n");              // 输出一个换行符

    return 0;
}
```

程序分析：

以下两种错误较常见。

（1）for 语句的三个表达式之间的分隔符是分号，却错写成逗号：

```
for(n=345678,n!=0,n=n/10)// 错误！分隔符应该是分号
```

（2）for 语句结尾错加了分号：

```
for(n=345678;n!=0;n=n/10);// 错误！结尾不能加分号
```

这时，for 语句的循环体变为用分号所表示的空操作；printf( )语句不再是循环体，它脱离 for 语句而独立，与 for 语句形成顺序结构，如下所示：

```
for(n=345678;n!=0;n=n/10)
    ;                           //循环体
printf("%d",n%10);              //与 for 语句形成顺序结构
```

for 语句结束时，n 的值是 0。这时执行 printf( )语句，输出的是 0。

1.3 标准输入函数

程序 1.7 有一个局限：变量 n 的值是赋值得来的。而一般是用户输入的。

改进：调用标准输入函数 scanf( )，从键盘接收一个输入的数值并赋给变量 n。该函数包含在库文件 stdio 中，格式如下：

```
scanf(格式控制字符串,输入参数);
```

其中，格式控制字符串一般只包含格式说明符，输入参数是对象的地址。例如：

```
scanf("%d",&n);
```

其中，%d 是格式说明符，表示整型十进制，& 是取址符，&n 是变量 n 的地址。语句的功能是把从键盘输入的一个十进制整数写入地址为 &n 的对象 n。

程序 1.10 将标准输入函数带入程序 1.7。

```
#include<stdio.h>
int main()
{
    int n;
//输入
    printf("Enter a positive integer:\n");//输入提示
    scanf("%d",&n);
//处理和输出
    while(n!=0)             //直到 n 的值为 0,结束迭代
    {
        printf("%d",n%10);
        n=n/10;             //把 n 的值降一阶
    }
```

```
        printf("\n");       //输出一个换行符
        return 0;
}
```

程序运行结果(粗体表示输入):

```
Enter a positive integer:
45678
87654
```

程序分析:

(1)输入提示(prompt)和标准输入函数 scanf( )应该成对使用。要知道,系统执行到 scanf( )语句时,程序会暂停,等待用户从键盘输入数据,如果没有输入提示,屏幕将出现空白,这会使很多用户感到迷惑,以为计算机出现故障。编写程序时要充分替用户考虑,用户大都缺少计算机专业知识,程序要准确地告诉他们去做什么,他们才不会糊涂。这不是语法问题,是风格问题。这种风格称为“**用户体验**”(user experience),也称“**用户友好**”(user-friendly)。

(2)把 while 语句改为 for 语句时,在 for 子句中,“子表达式 1”的功能由 scanf( )语句完成了,它不再需要了,但是位置要保留,保留的方法是保留其后的分号,目的是使“子表达式 2”和“子表达式 3”依然处于正确的位置,执行正确的功能,如下所示:

```
//输入
    printf("Enter a positive integer:\n");//输入提示
    scanf("%d",&n);
//处理和输出
    for( ;n!=0;n=n/10)
        printf("%d",n%10);
```

1.4 分而治之

一个程序一般包含以下三个部分。

(1)输入。接收数据。

(2)处理。处理数据。

(3)输出。输出结果。

程序 1.10 的不足:处理部分和输出部分是纠缠在一起的,计算出一位,输出一位。这样既不容易阅读,也不容易改进,因为牵一发动全身。

改进:先逆序处理,把逆序后的整数存储在一个变量中,然后输出这个变量的值。

程序 1.11 输入一个正整数,然后按位逆置,最后输出逆置结果。

```
#include<stdio.h>
int main()
```

```
{
//变量
    int n;                                         //存储输入
    int inv=0;                                     //存储逐位逆序的整数
//输入
    printf("Enter a positive integer:\n");         //输入提示
    scanf("%d",&n);                                //n前要加取址符&
//处理
    while(n!=0)
    {
        inv=inv*10+n%10;                           //逐位逆序存储
        n=n/10;                                    //缩小n的值
    }
//输出
    printf("%d\n",inv);
    return 0;
}
```

程序分析：

变量inv要先初始化为0，否则它的值是无意义的，对这样的变量累计，结果也是无意义的。

将一个整数按位逆置的程序很容易改为另一个程序：按位累加。这需要两处改动。

（1）把变量inv改名为accum，以便于理解。

（2）将表达式语句inv=inv*10+n%10改为accum=accum+n%10。

程序1.12 输入一个整数，逐位累加后输出。

```
#include<stdio.h>                                  //包含printf()和scanf()
int main()
{
//变量
    int n;                                         //用于存储输入
    int accum=0;                                   //用于存储逐位累加的整数
//输入
    printf("Enter a positive integer:\n");         //输入提示
    scanf("%d",&n);                                //n前要加取址符&
//处理
    while(n!=0)
    {
        accum=accum+n%10;                          //逐位累加
        n=n/10;                                    //缩小n的值
```

```
    }
//输出
    printf("%d\n",accum);

    return 0;
}
```

程序运行结果(粗体表示输入):

```
Enter a positive integer:
123456
21
```

1.5 选择结构(if-else 语句)

程序 1.12 是对输入的一个整数逐位累加。现在增加一些条件。

(1)若位值是奇数,则加 2 后累加。

(2)若位值是偶数,则加 1 后累加。

为实现这个算法,需要一种结构,执行特定条件下的语句。这种结构称为决策结构(decision structures)或选择结构(selection structures)。实现选择结构的常用语句是 if-else 语句。语句格式如下:

```
if(表达式)              //if 子句
    语句组 1            //if 条件执行语句
else                    //else 子句
    语句组 2            //else 条件执行语句
```

执行过程:若表达式为真,则执行语句组 1,否则,执行语句组 2。如果语句组多于一条语句,那么要用大括号括起来。如图 1-8 所示。

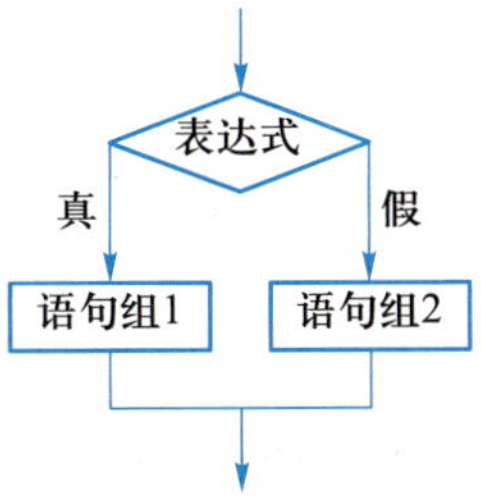

图 1-8 if-else 语句示意图

程序 1.13 对输入的一个正整数,按位有条件累加:若位值是偶数,则加 1 后累加;若位值是奇数,则加 2 后累加。然后输出结果。

```
#include<stdio.h>
int main()
{
//变量定义
    int n;                  //用于存储输入
    int accum=0;            //用于存储逐位累加的结果
    int digit;              //用于存储位值
//输入
```

```
    printf("Enter a positive integer:\n");        // 输入提示
    scanf("%d",&n);                               //n 前要加取址符 &
// 处理
    while(n!=0)
    {
        digit=n%10;                               // 取个位值
        if(digit%2==0)                            // 若位值是偶数
            accum=accum+digit+1;
        else                                      // 若位值是奇数
            accum=accum+digit+2;
        n=n/10;                                   // 缩小 n 的值
}
// 输出
    printf("%d\n",accum);

    return 0;
}
```

程序运行结果(粗体表示输入):

```
Enter a positive integer:
123456
30
```

程序分析:

(1) if 子句和 else 子句要上下对齐,表明它们同属一个 if-else 语句。if 条件执行语句和 else 条件执行语句要缩进,以便和其他代码区分开来。

这种约定实际上是风格,这种风格有助于程序的阅读和调试。有些高级语言,例如 Python,已经将这种缩进格式纳入语法范畴,足以说明这种风格有多重要。

(2) 程序中出现两个运算符 “!=” 和 “==”,它们属于关系运算符。有关内容请见 1.6 节。

1.6 关系运算和逻辑运算

关系运算也称比较运算,用于两个表达式的比较。如果关系成立,则比较的结果等于 1,表示 “真”,否则,比较的结果等于 0,表示 “假”。例如:

```
a>3
```

其中,大于号 “>” 是关系运算符,a 和 3 是表达式。如果 a 的值大于 3,则 a>3 的结果为 1;如果 a 的值不大于 3,则 a>3 的结果为 0。关系运算符如表 1-2 所示。

表 1-2 关系运算符

符号	解释	符号	解释
<	小于	<=	小于或等于
>	大于	>=	大于或等于
==	等于	!=	不等于

逻辑运算也称布尔运算，有三种基本逻辑运算：与、或、非。程序语言不同，逻辑运算符不同。C 语言的逻辑运算符如表 1-3 所示。

表 1-3 逻辑运算符

符号	解释
&&	逻辑与
||	逻辑或
!	逻辑非

逻辑运算表达式，非 0 表示真，0 表示假。逻辑运算的结果只有 1 和 0 两个值，1 表示真，0 表示假，如表 1-4 所示。

表 1-4 逻辑运算真值表

a	b	a&&b	a||b	!a
真	真	真	真	假
真	假	假	真	假
假	真	假	真	真
假	假	假	假	真

1.7 条件表达式和复合赋值表达式

在程序 1.13 中，while-do 语句的循环体如下所示：

```
digit=n%10;                    //取个位值
if(digit%2==0)                 //若位值是偶数
      accum=accum+digit+1;
else                           //若位值是奇数
      accum=accum+digit+2;
n=n/10;                        //缩小 n 的值
```

如果增加一个变量 icr，专门记录累加时的增量，那么这组语句可以简化为

```
digit=n%10;
if(digit%2==0)
      icr=1;
else
      icr=2;
accum=accum+digit+icr;
n=n/10;
```

这时的 if-else 语句可以继续简化，这便是条件表达式，它的格式如下：

表达式 1 ? 表达式 2 : 表达式 3

条件表达式的计算过程是，若表达式 1 为真，则条件表达式的值等于表达式 2 的值，否则，等于表达式 3 的值。

应用举例：

```
digit%2==0?1:2
```

如果 digit%2==0 为真，则条件表达式的值是 1，否则是 2。于是有

```
icr=(digit%2==0?1:2);
```

又例：

```
abs=(n>0?n:-n)
```

abs 的值是条件表达式的值，即 n 的绝对值。

程序 1.14 应用条件表达式简化程序 1.13。

```
#include<stdio.h>
int main()
{
//变量
   int n;                    //存储输入
   int accum=0;              //存储逐位累加值
   int digit;                //存储位值
   int icr;                  //存储增量
//输入
   printf("Enter an integer:\n");        //输入提示
   scanf("%d",&n);           //n前要加取址符&
//处理
   while(n!=0)
   {
      digit=n%10;            //取个位值
      icr=(digit%2==0?1:2);              //括号中是条件表达式
```

```
        accum=accum+digit+icr;
        n=n/10;                 //缩小 n 的值
    }
//输出
    printf("%d\n",accum);

    return 0;
}
```

程序分析：

表达式语句

```
accum=accum+digit+icr;
n=n/10;
```

可以简化为

```
accum+=digit+icr;
n/=10;
```

其中，+= 是复合赋值运算符。复合赋值运算符表达式是普通赋值表达式的一种缩写，如表 1–5 所示。

表 1–5 复合赋值运算符

复合赋值运算符	表达式	解释
+=	x+=y+z	x=x+(y+z);
−=	x−=y+z	x=x−(y+z);
*=	x*=y+z	x=x*(y+z);
/=	x/=y+z	x=x/(y+z);
%=	x%=y+z	x=x%(y+z);

1.8 输入验证

用户输入的值如果是无意义的，那么程序的处理结果也是无意义的。为了避免这种情况，程序要对输入的值进行验证，即输入验证（input validation）。

1.8.1 break 和 continue 语句

输入验证的一个常用方法是输入验证循环（input validation loop）。例如，对一个正整数进行输入验证，若输入的是零或负数，则要求重输，直到输入正确为止。这需要两个语句：break 和 continue，前者是结束循环语句，后者是结束当前迭代，开始下一次迭代，如图 1–9 所示。

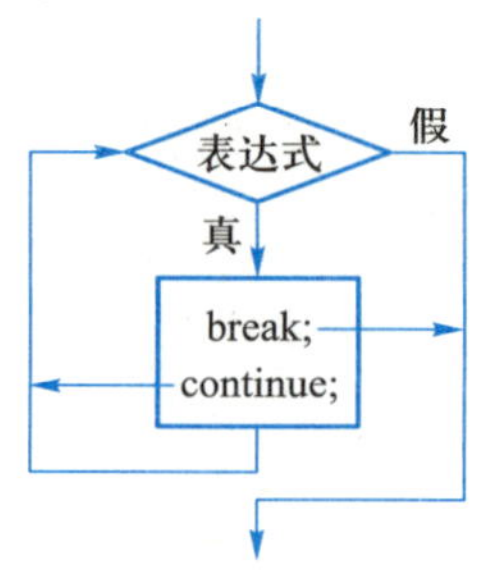

图 1-9 break 语句和 continue 语句示意图

将程序 1.11 的输入改为输入循环验证：

```
while(1)
{
    printf("Enter an integer:\n");      //输入提示
    scanf("%d",&n);
    if(n>0)
        break;                          //结束 while 循环
    else
    {
        printf("should greater than 0\n");
        continue;                       //结束当前迭代,开始下一次迭代
    }
}
```

函数分析：

（1）while(1)是一个永真循环，即“死循环”，一般要用 break 语句才能结束循环。

（2）函数中的 if-else 语句可以简化为

```
if(n>0)
    break;                  //结束 while 循环
printf("should greater than 0\n");
continue;                   //结束当前迭代,开始下一次迭代
```

这是三条独立的语句。第一条语句由前两行构成，称为 **if 不平衡语句**，简称 if 语句，它没有与之匹配的 else 子句，如图 1-10 所示。第二条是输出语句，第三条是 continue 语句。if-else 语句之所以能够简化为 if 语句，是因为 break 语句：若 n 的值大于 0，则执行 break 语句，该语句结束 while(1)循环，自然也就不执行后两条语句；若 n 的值小于或等于 0，则不执行 break 语句，而执行后两条语句。因此，后两条语句等价于 else 子句。

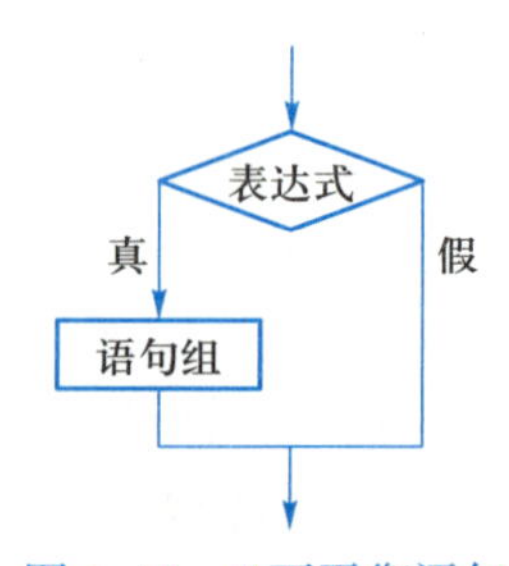

图 1-10 if 不平衡语句

就这个函数而论，使用 if-else 语句或 if 语句，结果都一样，只是风格不同。前者结构清晰、易懂，后者语句简练、专业。

程序 1.15 输入验证循环。

```
#include<stdio.h>
int main()
{
//变量
    int n;                  //用于存储输入
    int accum=0;            //用于存储和数
//输入
    while(1)
    {
        printf("Enter an integer:\n"); //输入提示
        scanf("%d",&n);
        if(n>0)
            break;          //结束 while 循环
        else
        {
            printf("should greater than 0\n");
            continue;       //结束当前迭代,开始下一次迭代
        }
    }
//处理
    while(n!=0)
    {
        accum+=n%10;        //逐位求和
        n=n/10;             //缩小 n 的值
    }
//输出
    printf("%d\n",accum);

    return 0;
}
```

程序运行结果(粗体表示输入):

```
Enter an integer:
-345[Enter]
should greater than 0
Enter an integer:
```

```
678[Enter]
21
```

1.8.2 前哨(sentinels)

到目前为止,用户都是输入一个整数。现在要求用户输入一系列整数,对每一个整数都按位累加输出。用户输入一系列整数至少有三种方法。

(1)用户每输入一个整数,处理之后,都被询问是否还需要输入。这种方法在输入很多时会让用户感到烦琐。

(2)一开始就询问用户有多少输入。这种方法在输入很多时也让用户不快,因为用户懒得去数,甚至不知道是多少。

(3)设置一个**前哨**(sentinels)。前哨是一个特殊的值,例如0,当用户输入这个值时,表示输入结束。这个0就是前哨。

下面是对一个输入整数进行按位累加输出的主要代码:

```
while(n!=0)               //0是一个整数处理完毕的标志
{
    accum+=n%10;          //逐位累加
    n=n/10;               //缩小n的值
}
printf("%d\n",accum);
```

下面分两步实现带有前哨的输入。

(1)以前,这组代码只是用于处理一个输入整数,而且在执行之前,累加变量accum必须初始化为0。现在,如果这组代码用于处理一系列整数,那么每次执行之后,即每次处理完一个整数,accum都要清零,以便用于下一个整数的处理:

```
while(n!=0)               //0是一个整数处理结束的标志
{
    accum+=n%10;          //逐位累加
    n=n/10;               //缩小n的值
}
printf("%d\n",accum);
accum=0;                  //清零
```

(2)把这组代码作为内层循环嵌入一个带有前哨的外层循环:

```
printf("Enter an integers or 0 to end:\n");       //输入提示
scanf("%d",&n);
while(n!=0)                                       //0是前哨,输入结束标志
{
```

```
    //添加(1)中的一组代码。将一个整数按位累加输出
    printf("Enter an integer or 0 to end:\n");
    scanf("%d",&n);
}
```

注意:外层循环中的 while 子表达式(n!=0)和内层循环中的 while 子表达式(n!=0)形式相同,意义不同:前者中的 n 是前哨,后者中的 n 是一个整数处理结束的标识。

程序 1.16 前哨。

```
#include<stdio.h>
int main()
{
//变量
   int n;                          //用于存储输入
   int accum=0;                    //用于存储逐位累加
//输入与处理
   printf("Enter an integer or 0 to end:\n");      //输入提示
   scanf("%d",&n);
   while(n!=0)                     //0是前哨,输入结束标志
   {
       while(n!=0)                 //0是一个整数处理结束的标志
       {
           accum+=n%10;            //逐位累加
           n=n/10;                 //缩小n的值
       }
       printf("%d\n",accum);
       accum=0;                    //每处理一个整数之前都要清零

       printf("Enter an integer or 0 to end:\n");
       scanf("%d",&n);
       }
       return 0;
}
```

程序运行结果(粗体表示输入):

```
Enter an integer or 0 to end:
678[Enter]
21
Enter an integer or 0 to end:
```

```
321[Enter]
6
Enter integers or 0 to end:
0
```

程序分析:

这个程序有两层循环,外层循环用于带有前哨的输入,内层循环用于对每一个输入的整数按位逆序输出。外层循环的每一次迭代都等于一次内层循环。

一、简要回答以下问题。

1. 什么是计算机程序?
2. 什么是算法?
3. 什么是数据类型的意义?
4. C语言程序设计是在什么基础上展开的?
5. 为什么说C语言是高级编程语言?
6. 什么是编辑器? 什么是编译器? 什么是链接器?
7. 什么是程序调试?
8. 什么是集成开发环境?
9. 举例说明什么是编译时错误、链接时错误、运行时错误。
10. 什么是对象? 什么是变量?
11. 什么是直接访问?
12. 什么是变量的初始化?
13. 编写一个程序时,可以调用的已知程序至少有哪几类?
14. 什么是C语言主函数框架?
15. 什么是语句的顺序结构?
16. 什么是常量? 什么是字面常量?
17. 什么是左值和右值?
18. 什么是表达式?
19. 什么是表达式语句?
20. 举例说明每一个表达式的值都存储在一个显式或隐式的对象中。
21. 什么是对象的生命周期?
22. 为什么字面常量不能寻址?
23. 一个对象涉及哪三个值?
24. 一个内存单元作为对象,其类型是否在任何时候都是固定的? 举例说明。

25. 什么是循环结构?
26. 什么是迭代?
27. 举例说明 while 循环语句出现“死循环”的情况大致有几种。
28. 举例说明什么是用户友好。
29. 什么是选择结构?
30. if-else 语句应该遵守什么样的约定?
31. break 语句和 continue 语句的区别是什么?
32. 外层循环和内层循环的关系是什么?

二、读程序,写结果。

1.

```
int n=345;
n=n/10;
printf("%d\n",n%10);
printf("%d\n",n);
```

2.

```
int n=345;
printf("%d\n",n%10);
printf("%d\n",(n/10)%10);
printf("%d\n",(n/100)%10);
printf("%d\n",n);
```

三、编写程序。

1. 编写一个程序,模仿程序 1.1,按位逆序输出变量 n 的值 34567。

2. 编写一个程序,模仿程序 1.2,输出一个字符型变量的值、地址和字节数。字符型的标识符是 char,格式输出符是 %c,字面常量以单引号为界限符,例如 'A'、'b'。

四、下面的 for 语句哪几个是正确的?

1.

```
int n;
for(n=34567,n!=0,n=n/10)
    printf("%d",n%10);
```

2.

```
int n;
for(n=34567;n!=0;n=n/10)
    printf("%d",n%10);
```

3.

```
int n=34567;
for(n!=0;n=n/10)
```

```
    printf("%d",n%10);
```

4.

```
int n=34567;
for(;n!=0;n=n/10)
     printf("%d",n%10);
```

五、下面的while-do语句哪几个是正确的?

1.

```
int n;
while(n!=0)
{
    printf("%d",n%10);
    n=n/10;
}
```

2.

```
int n=34567;
while(n!=0);
{
    printf("%d",n%10);
    n=n/10;
}
```

3.

```
int n=34567;
while(n!=0)
    printf("%d",n%10);
n=n/10;
```

六、下面的循环语句有多少次迭代?

1.

```
int n;
for(n=34567;n!=0;n=n/10)
    printf("%d",n%10);
```

2.

```
int n;
for(n=34567;n!=0;n=n/100)
    printf("%d",n%10);
```

3.

```
int n=34568;
```

```
while(n!=0)
{
    printf("%d",n%10);
    n=n/100;
}
```

4.

```
int n=34568;
do
{
    printf("%d",n%10);
    n=n/100;
}while(n!=0);
```

七、用条件表达式简化下面的 if-else 语句。

1.
```
if(n%2==0)
        n=n*2;
    else
        n=(n+1)*2;
```

2.
```
if(n<0)
        abs=-n;
    else
        abs=n;
```

八、已知 x、y 和 z 的值分别是 5、6 和 7，在下面的表达式语句执行之后，x 的值是多少？

1. x+=y;
2. x-=y;
3. x*=y;
4. x/=y;
5. x%=y+z;

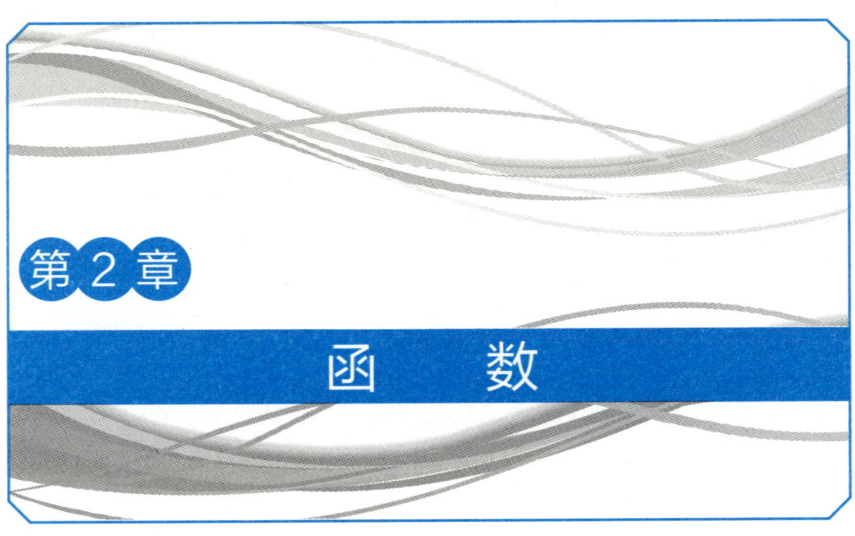

第2章 函 数

函数是封装命名的一组语句，用以实现一个特定的功能。

——Bjarne Stroustrup

第 1 章有若干程序调用了标准库函数 printf( )和 scanf( )。什么是函数(function)? 函数是**封装**命名的一组语句，用以实现一个特定的功能，因此，函数也称**功能函数**。函数使程序设计可以在更高的层次上进行。

编写一个 C 程序一般都要调用已知的程序，用已知求解未知。已知程序主要分三类：数据类型提供的基本操作，C 语言自带的库函数，程序员自己设计的函数。本章学习自己设计函数。

2.1 函数的定义和调用

下面是程序1.12,将一个输入整数按位累加后输出。按位累加是由处理部分完成的。

```
#include<stdio.h>
int main( )
{
// 变量
    int n;
    int accum=0;
// 输入
    printf("Enter an integer:\n");
    scanf("%d",&n);
// 处理
    while(n!=0)                          // 按位累加
    {
        accum+=n%10;
        n=n/10;
    }
// 输出
    printf("%d\n",accum);
    return 0;
}
```

下面把处理部分提取出来,按照一定格式“封装”成一个函数,名为Accumulate,然后在程序的处理部分调用这个函数。这种格式是C语言的函数定义,如下所示:

```
返回值类型  函数名(形参列表)          // 函数头
{                                     // 函数体始点
    语句组
}                                     // 函数体终点
```

函数定义说明如下。

(1) 函数名是程序员命名的,它必须是唯一的,它的命名规则与变量的命名规则一致。函数名要尽可能反映函数的功能,以便阅读理解。

(2) 函数也是程序。主函数(main( ))是主程序,功能函数是子程序。作为程序,它一般也有三部分:输入、处理和输出。输入需要形参列表,形参列表的格式如下:

类型1 形参1,类型2 形参2, …,类型n 形参 n

每一个形参(parameter)都是一个变量。

一个函数调用另一个函数,前者称为**主调函数**,后者称为**被调函数**。主调函数在调用函数时给被调函数的形参赋值,这是对被调函数的输入。函数调用的格式如下:

函数名(实参列表);

实参列表的格式如下:

表达式 1,表达式 2, …,表达式 *n*

其中,表达式的值称为**实参**(argument)。而任何值都是存储在对象中的,是用对象表示的,是对象的值,所以也可以说,表达式的值所在的对象是实参。在函数调用时,主调函数用实参以初始化的形式给被调函数的形参赋值,这个过程称为**参数传递**,"参数传递的语义与初始化的语义相同"(Bjarne Stroustrup),如下所示:

类型 1 形参 1= 表达式 1;

类型 2 形参 2= 表达式 2;

…

类型 *n* 形参 *n*= 表达式 *n*;

(3) 函数体是一组代码,是函数的处理部分。

(4) 返回值是函数的输出,由 return 语句给出。return 语句的格式如下:

return 表达式; // 或 return(表达式);

其中表达式的值是函数的返回值。系统根据函数定义中的返回值类型,创建一个隐式对象,存储返回值。不妨假设这个隐式对象为 _temp,存储返回值的语义与初始化的语义相同,如下所示:

返回值类型 _temp= 表达式;

主调函数如果需要这个值,就从隐式对象中读取返回值。

下面分步设计函数 Accumulate。

(1) 函数头的设计。

函数名 Accumulate,表示累加求和。

形参列表是(int n),其中 n 是形参,因为函数处理的是一个整数,所以是整型。函数返回值类型是整型,因为一个整数按位累加的结果还是整数。于是得到函数头:

```
int Accumulate(int n)
```

(2) 函数体的设计。

把程序 1.12 中处理部分复制或剪切。这一部分包含两个整型变量:n 和 accum。将 n 的声明复制一份作为形参,accum 的初始化复制到函数体。然后将 accum 的值作为返回值。结果如下:

```
int Accumulate(int n)
{
    int accum=0;            //用于逐位累加存储
    while(n!=0)             //0 是处理完的标志
```

```
    {
        accum+=n%10;        //逐位累加
        n=n/10;             //缩小 n 的值
    }
    return accum;
}
```

（3）在主函数原来的处理部分调用这个函数，将返回值赋给主函数的变量 accum。

程序 2.1 应用功能函数，改进程序 1.12。

```
#include<stdio.h>
int Accumulate(int n)
{
    int accum=0;                    //用于逐位累加存储
    while(n!=0)                     //0 是处理完的标志
    {
        accum+=n%10;                //逐位累加
        n=n/10;                     //缩小 n 的值
    }
    return accum;
}
//主函数
int main()
{
//变量
   int n;                           //存储输入
   int accum;                       //存储累加结果
//输入
   printf("Enter an integer:\n");
   scanf("%d",&n);
//处理
   accum=Accumulat(n);              //调用函数，修改 n 的值
//输出
   printf("%d\n",accum);
   return 0;
}
```

程序运行结果（粗体表示输入）：

```
Enter an integer:
```

```
123456[Enter]
21
```

程序分析:

(1) 主调函数 main( ) 和被调函数 Accumulate( ),各自在形参列表或函数体中声明或定义了自己的变量,这种变量称为**自动局部变量**,简称**自变量**。自变量从函数执行时生成,到函数执行结束时撤销,这段时间称为**变量**的一个**生命周期**。

(2) 主调函数 main( ) 和被调函数 Accumulate( ) 具有同名的自变量 n 和 accum,而且后者的自变量 n 是形参,前者的自变量 n 在函数调用时做了实参。不同的函数,其自变量用不同的名字,是否更好? 答案是未必。因为变量名应该尽可能反映数据的意义,才能使程序更容易阅读和理解。例如,用变量 id 存储身份证号,grades 存储考试成绩,wage 存储工资,所以不同函数的自变量出现同名是不可避免的。那么系统是如何区分的呢? C 编译器在编译时,对程序层面上的自变量名称进行扩展,生成内部名称。不同的编译器,扩展方法可能不同,但至少要加上自变量所属的函数名称。例如,主函数 main( ) 的自变量 n 和 accum,内部名称可能是 n_main 和 accum_main,函数 Accumulate( ) 的自变量 n 和 accum,内部名称可能是 n_Accumulate 和 accum_Accumulate。因此,不同函数的自变量即使同名也是可以区分的。那么不同函数的自变量会同时占用同一个内存单元吗? 答案是不会。如果两个函数,一个是主调函数,另一个是被调函数,那么在函数调用时,主调函数的自变量空间还存在,被调函数的自变量空间要另外分配;如果两个函数都是被调函数,先被调用的函数,其自变量先分配,在调用之后,自变量空间被撤销,后调用的函数,其自变量即使占用这段空间,也不是同时占用。

(3) 形参 n 是实参 n 的备份,复制。形参接收的是实参对象的值。

(4) 语句

```
return accum;
```

等价于

```
int_temp=accum;
```

return 语句之后,程序流程从被调函数返回到主调函数的调用处。主调函数如果需要这个返回值,就从 _temp 中读取。程序 2.1 中的调用处语句是

```
accum=Accumlate(n);
```

相当于先执行 Accumulate(n),再执行 accum=_temp。

一个函数的调用过程可以概括为三步。

(1) 主调函数通过实参给被调函数的形参初始化。

(2) 如果被调函数有返回值,那么返回值就是 return 语句中的表达式的值。系统根据返回值类型创建一个临时匿名对象,以初始化方式暂存返回值。

(3) 如果主调函数需要被调函数的返回值,就从临时匿名对象取值。

程序 2.2 应用按位逆置函数。

```
#include<stdio.h>
```

```
int Invert(int n)
{
        int inv=0;
        while(n!=0)
        {
            inv=inv*10+n%10;            //按位逆置存储
            n=n/10;                     //缩小 n 的值
        }
        return inv;                     //返回按位累加的值
}
int main()
{
//变量
    int n;
    int inv;
//输入
    printf("Enter an integer:\n");
    scanf("%d",&n);
//处理
    inv=Invert(n);
//输出
    printf("%d\n",inv);

    return 0;
}
```

2.2 函数声明

C 语言规定，函数必须先定义后调用，即被调函数必须在主调函数之前定义。这种限制存在两个问题。

（1）对函数设计者来说，当多个函数之间存在调用关系时，确定函数定义的顺序并不是一件容易的事情。尤其是，当函数之间相互调用时，例如，函数 A 调用函数 B，函数 B 有条件地调用函数 A，这时先定义哪一个函数都不对。

（2）对函数使用者来说，不需要了解函数的具体代码，只需要了解其功能和调用方法。

这就引出了函数声明的概念。

函数声明,也称**函数原型**,是向编译器表示:一个函数将接受几个参数,是什么顺序,每个参数是什么类型;函数是否有返回值,如果有,是什么类型。编译器利用这些信息来检查函数调用是否正确。它与**函数定义**不同,后者要求编译器生成代码,并为之分配内存单元。

有了函数声明,函数就可以先调用,后定义,而且函数定义的顺序也就不重要了。

函数声明的格式如下:

返回值类型 函数名(形参列表或形参类型列表);

例如:

```
int Accumulate(int n);   //按位累加 n 的值
int Invert(int n);       //按位逆置 n 的值
```

或

```
int Accumulate(int);     //只有形参类型,没有名称
int Invert(int);
```

程序 2.3 函数声明应用。

```
#include<stdio.h>
int Invert(int n);                  //按位逆置
int Accumulate(int n);              //按位累加

int main()
{
    int n;                          //存储输入
    int accum;                      //存储累加
    int inv;                        //存储逆置

    printf("Enter an integer:\n");
    scanf("%d",&n);

    inv=Invert(n);                  //按位逆置
    accum=Accumulate(n);            //按位累加

    printf("Invert:%d\n",inv);
    printf("Accumulate:%d\n",accum);

    return 0;
}

int Invert(int n)
```

```
{
    int inv=0;
    while(n!=0)
    {
        inv=inv*10+n%10;            //按位逆置
        n=n/10;                     //缩小 n 的值
    }
    return inv;
}

int Accumulate(int n)
{
    int accum=0;
    while(n!=0)
    {
        accum+=n%10;                //按位累加
        n=n/10;                     //缩小 n 的值
    }
    return accum;
}
```

运行程序结果(粗体表示输入):

```
Enter an integer:
123456[Enter]
Invert:654321
Accumulate:21
```

2.3 自设头文件

一个函数设计好之后,就可以作为已知程序而存在,以后新的程序如果需要该函数的功能,就可以直接调用它,不需要重新编写。存在的一般形式是包含在一个头文件中。例如,在当前工程目录下建立一个头文件 function.h,将函数 Accumulate( )和 Invert( )的声明和定义包含其中,如下所示:

```
//function.h
#ifndef FUNCTION_H                  //条件编译开始
```

```
    #define FUNCTION_H
// 函数声明
    int Invert(int n);
    int Accumulate(int n);
// 函数定义
    int Invert(int n)
    {
        int inv=0;
        while(n!=0)
        {
            inv=inv*10+n%10;            // 按位逆置存储
            n=n/10;                     // 缩小 n 的值
        }

        return inv;                     // 返回按位累加的值
    }
    int Accumulate(int n)
    {
        int accum=0;                    // 用于逐位累加存储
        while(n!=0)                     //0 是处理完的标志
        {
            accum+=n%10;                // 逐位累加
            n=n/10;                     // 缩小 n 的值
        }
        return accum;
    }

    #endif                              // 条件编译结束
```

一个程序需要调用其中的函数时，就要包含这个头文件，就像调用标准输出函数 printf( ) 时，需要包含库文件 stdio.h 一样。

头文件 function.h 用到以下的条件编译命令：

```
#ifndef FUNCTION_H        // 条件编译开始
#define FUNCTION_H

#endif                    // 条件编译结束
```

这个条件编译的功能是，链接时，如果该文件还没有编译，就进行编译，否则就不要重复编译。

程序 2.4 自设头文件应用。

```
#include<stdio.h>
#include"function.h"

int main( )
{
    int n;
    int inv;
    int accum=0;

    printf("Enter an integer:\n");
    scanf("%d",&n);

    inv=Invert(n);
    printf("Invert:%d\n",inv);

    accum=Accumulate(n);
    printf("Accumulate:%d\n",accum);

    return 0;
}
```

程序运行结果(粗体表示输入):

```
Enter an integer:
123456[Enter]
Invert:654321
Accumulate:21
```

2.4 应用函数设计举例

上一节将主函数中具有特定功能的语句组设计为功能函数。这一节直接设计功能函数。

2.4.1 阶乘

函数设计:计算阶乘。

函数头设计:将函数命名为 Factorial,表示阶乘。将形参列表设为(int n),表示对整型变

量 n 的值求阶乘。将返回值类型设为整型,因为一个整数的阶乘还是整数,于是得到函数头:

```
int Factorial(int n)
```

函数体设计:形参 n 的值是一个整数,函数要计算这个数的阶乘,然后返回计算结果。n 的阶乘是

$1\times2\times3\times4\times\cdots\times n$。

因为 n 是变量,所以这个式子不能用一条简单的语句来表示,只能用累计循环的方法来计算。为此需要先定义一个用于累计的变量 fct,它的初始值为 1:

```
int fct=1;
```

接下来是累计过程:

```
fct=fct*2;                //fct=1*2;
fct=fct*3;                //fct=1*2*3;
    …
fct=fct*n;                //fct=1*2*3*…*n;
```

这个累计过程的核心是一条重复执行的语句:

```
fct=fct*i;                //2<=i<=n
```

这条重复的语句用 for 循环来表示如下:

```
for(i=2;i<=n;i++)         //i++ 等价于 i=i+1
    fct=fct*i;
```

函数返回值就是 fct 的最后值:

```
return fct;
```

于是得到函数定义:

```
int Factorial(int n)
{
// 变量
    int i;                // 用于计数控制循环的计数器
    int fct=1;            // 用于累积阶乘,初始化为 1
// 处理
    for(i=2;i<=n;i++)
        fct=fct*i;
// 返回结果
    return fct;
}
```

函数分析:

(1) for 子句中的表达式 i++ 是自增表达式。还有自减表达式。它们的意义如表 2–1 所示。

表 2-1 自增自减运算符表达式

表达式	解释	叫法
i++	i=i+1;	后 ++
++i	i=i+1;	前 ++
i--	i=i-1;	后 --
--i	i=i-1;	前 --
x=i++	x=i; i++;	
x=++j	++j; x=j;	
x=i--	x=i; i--;	
x=--j	--j; x=j;	

（2）循环一般有两类，一类是条件控制循环（condition-controlled loop），一类是**计数控制循环**（count-controlled loop）。条件控制循环用条件是否成立来控制迭代。例如：

```
while(n!=0)
{
    printf("%d",n%10);
    n=n/10;
}
```

计数控制循环用次数来控制迭代，例如：

```
for(i=2;i<=n;i=i+1)
    fct=fct*i;
```

显然，从 2 到 n，一共迭代 n-1 次。

程序 2.5 阶乘函数。

```
#include<stdio.h>            //标准输入输出函数库
int Factorial(int n);        //阶乘函数
int main()
{
//变量
    int n;                   //用于存储输入的整数和阶乘
//输入
    printf("Enter a positive integer:\n");    //输入提示
    scanf("%d",&n);
//处理
    n=Factorial(n);          //调用阶乘函数,把计算结果返回
//输出
```

```
    printf("%d\n",n);

    return 0;
}

int Factorial(int n)
{
//变量
    int i;                  //用于计数循环控制
    int fct=1;              //用于阶乘累积
//处理
    for(i=2;i<=n;i++)
        fct=fct*i;
//输出
    return fct;
}
```

程序运行结果(粗体表示输入):

```
Enter a positive integer:
6[Enter]
720
```

2.4.2 质数

函数设计:判断一个整数是否是质数(prime number)。

函数头设计:将函数命名为 Prime,表示质数。将形参列表设为(int n),表示判断 n 的值是否是质数。将返回值类型设为整型,因为返回值只有 1 或 0,是质数时,返回值是 1,否则,返回值是 0。于是得到函数头:

```
int Prime(int n)
```

函数体设计——非质数判断。

(1) n 的值若为 0 或 1,则不是质数。

(2) n 的值若大于 1,且被一个小于 n 的整数整除,则不是质数。

需要一个变量,取值范围从 2 到 n/2,利用计数控制循环,依次对 n 求余,若有一次余数为 0,则 n 不是质数,结束循环,如果没有一次余数为 0,则 n 是质数。

根据这两种情况得到函数体:

```
int Prime(int n)
{
```

```
    int d;                  //用来对n求余
    if(n==0||n==1)          //若n的值为0或1,则不是质数
        return 0;
    for(d=2;d<n;d++)
        if(n%d==0)          //若被整除,则不是质数
            return 0;
    return 1;               //是质数
}
```

函数分析:

函数体有三条语句都是return语句。该语句有两个功能,一个是返回值,二是结束该函数,返回主调函数的调用处。

程序2.6 判断质数。

```
#include<stdio.h>
int Prime(int n);           //质数判断
int main()
{
//变量
    int n;                  //用于存储输入的整数
    int
//输入
    printf("Enter an integer:\n");//输入提示
    scanf("%d",&n);
//处理
    n=Prime(n);             //调用函数,把判断结果赋给n
//输出
    if(n==1)
        printf("is a prime.\n");
    else
        printf("not a prime\n");
    return 0;
}

int Prime(int n)
{
    int d;                  //用来对n求余
    if(n==0||n==1)          //若n的值为0或1,则不是质数
```

```
        return 0;
    for(d=2;d<n;d++)
        if(n%d==0)          //若整除,则 n 不是质数
            return 0;
    return 1;               //是质数
}
```

程序运行结果(粗体表示输入):

```
Enter an integer:
47[Enter]
is a prime.
```

程序运行结果(粗体表示输入):

```
Enter an integer:
125[Enter]
not a prime.
```

2.4.3 最大公约数

函数设计:计算两个整数的最大公约数(greatest common divisor, GCD)。

函数头设计:将函数命名为 GCD,表示最大公约数。将形参列表设为(int first, int second),表示对两个整型变量的值求最大公约数。将返回值设为整型,因为最大公约数是整数。于是得到函数头:

```
int GCD(int first,int second)
```

函数体的设计——辗转相除法:用 second 对 first 求余(%),若不为 0,则 second 赋值给 first,余数赋值给 second。重复这个过程,直到余数为 0。这时,second 的值就是最大公约数。

用条件控制循环表示如下:

```
int rem;                        //存储余数
rem=first%second;
while(rem!=0)
{
    first=second;
    second=rem;
    rem=first%second;           //重复
}
```

于是得到函数体:

```
int GCD(int first,int second)
{
```

```
    int rem;                              //用于存储余数
    rem=first%second;
    while(rem!=0)
    {
        first=second;
        second=rem;
        rem=first%second;
    }
    return second;
}
```

程序 2.7 求最大公约数。

```
#include<stdio.h>

int GCD(int first,int second);      //求最大公约数函数

int main()
{
//变量
    int gcd;                    //存储最大公约数
    int one;
    int two;
//输入
    printf("Enter two positive integers:\n");       //输入提示
    scanf("%d%d",&one,&two);            //以空格或换行符为分隔符
//处理
    gcd=GCD(one,two);
//输出
    printf("%d\n",gcd);

    return 0;
}

int GCD(int first,int second)
{
    //代码见上
}
```

程序运行结果(粗体表示输入):

```
Enter two positive integers:
345 678[Enter]
3
```

2.4.4 斐波那契数列

斐波那契数列(Fibonacci):前两项都是1。从第3项开始,每一项都是前两项之和,如下所示:

1,1,2,3,5,8,13,21,34,55,89, …

函数设计:求斐波那契数列第n项的值。

函数头设计:将函数名设为Fibonacci,表示斐波那契数列。将形参列表设为(int n),表示斐波那契数列第n项。将返回值类型设为整型,因为斐波那契数列任一项的值都是整数。于是得到函数头:

```
int Fibonacci(int n)
```

函数体设计:

(1)变量fib1、fib2和fib3,分别存储1至3项的值。

(2)从第4项开始,每一项的值都是变量fib1、fib2和fib3依次存储其后继之后fib3的值。这个过程就可以用计数控制循环来表示。

```
int i;                  //用于表示数列号
int fib1=1;             //第 1 项的值
int fib2=1;             //第 2 项的值
int fib3=fib1+fib2;     //第 3 项的值
for(i=4;i<=n;i++)       //从第 4 项开始
{
    fib1=fib2;
    fib2=fib3;
    fib3=fib1+fib2;
}
if(n==1||n==2)
   return 1;
return fib3;
```

程序 2.8 计算斐波那契数列第n项的值。

```
#include<stdio.h>
int Fibonacci(int n);
int main()
```

```
{
    int n;

    printf("Enter a positive integer:\n");
    scanf("%d",&n);

    n=Fibonacci(n);

    printf("%d\n",n);

    return 0;
}
int Fibonacci(int n)
{
    int i;                          //表示数列号
    int fib1=1;                     //第 1 项的值
    int fib2=1;                     //第 2 项的值
    int fib3=fib1+fib2;             //第 3 项的值
    if(n==1||n==2)
        return 1;
    for(i=4;i<=n;i++)               //从第 4 项开始
    {
        fib1=fib2;
        fib2=fib3;
        fib3=fib1+fib2;
    }
    return fib3;
}
```

程序运行结果(粗体表示输入):

```
Enter a positive integer:
12[Enter]
144
```

2.4.5 π 的近似值

函数设计:已知一个误差,计算 π 的近似值。

函数头设计：将函数名设为 CirRatio，表示圆周率。将形参列表设为(double er)，表示根据误差 er 的值计算 π 的近似值。将返回值类型设为双浮点实型，因为 π 的近似值是实数。于是得到函数头：

```
double CirRatio(double er)
```

函数体设计：根据格里高利公式求圆周率的近似值。格里高利公式如下：

π/4=1-1/3+1/5-1/7+…

或者

π=4×(1-1/3+1/5-1/7+…)

每一项的特点是，分子均为 1，分母依次为 2×i-1(i=1，2，3，4，…)，奇数项为正，偶数项为负。

逐项累加，直到某一项的绝对值小于误差，累加的结果就是所需的近似值。首先定义几个变量：

```
double term;                    //存储单个项
double abs;                     //存储项的绝对值
double accum=0;                 //存储逐项的累加结果
int i=1;                        //存储项的序号，从 1 开始
int sign=1;                     //存储项的符号 1 或 -1，第 1 项是正
```

然后从第一项开始累加：

```
term=sign*1.0/(2*i-1);          //分子是 1.0 而不是 1
accum+=term;                    //逐项累加
i++;                            //准备累加下一项
sign=-sign;                     //正负号交换
```

这是一组重复执行的语句，可以用循环表示，直到累加项的绝对值小于误差为止，即

```
abs=term>0?term:-term;          //取绝对值
    if(abs<er)break;
```

于是得到函数定义如下：

```
double CircumRatio(double er)
{
    double term;                //存储项
    double abs;                 //存储项的绝对值
    double accum=0;             //存储逐项累加结果
    int i=1;                    //存储项的序号，从 1 开始
    int sign=1;                 //存储项的符号 1 或 -1，第 1 项是正
    while(1)
    {
        term=sign*1.0/(2*i-1);  //分子是 1.0 而不是 1
        accum+=term;            //逐项累加
```

```
        abs=term>0?term:-term;        //取绝对值
        if(abs<er)break;
        i++;                          //准备累加下一项
        sign=-sign;                   //正负号交换
    }
    accum*=4;
    return accum;                     //返回近似值
}
```

程序 2.9 按照格里高利公式计算 π 的近似值。

```
#include<stdio.h>
double CircumRatio(double er);        //圆周率近似值计算函数
int main()
{
//变量
    double x;                         //用于存储误差
//输入
    printf("Enter an error:\n");      //输入提示
    scanf("%Lf",&x);                  //将输入赋给x。x前要加取址符&
//处理
    x=CircumRatio(x);                 //调用函数,把返回值赋给x
//输出
    printf("%Lf\n",x);                //输出圆周率近似值
//结束
    return 0;
}
double CircumRatio(double er)
{
    double term;                      //存储单个项
    double abs;                       //存储项的绝对值
    double accum=0;                   //存储逐项累加结果
    int i=1;                          //存储项的序号,从1开始
    int sign=1;                       //存储项的符号1或-1,第1项是正
    while(1)
    {
        term=sign*1.0/(2*i-1);        //分子是1.0而不是1
        accum+=term;                  //逐项累加
```

```
        abs=term>0?term:-term;         //取绝对值
        if(abs<er)break;               //若小于误差,则结束循环
        i++;                           //准备累加下一项
        sign=-sign;                    //正负号交换
    }
    accum=4*accum;
    return accum;                      //返回近似值
}
```

程序运行结果(粗体表示输入):

```
Enter an error:
0.000001[Enter]
3.141595
```

程序分析:

(1)C 语言有科学记数法:1e–5 表示 10 的 –5 次方,1.23456e+2 表示 1.234 56 乘以 10 的 2 次方。可以用科学记数法输入误差。例如:

```
Enter a positive real number:
1e-6[Enter]                //10 的 -6 次方,其值等于 0.000 001
3.141595
```

(2)语句 term=sign*1.0/(2·i–1)中的分子为什么是 1.0 而不是 1?如果是 1,那么分子和分母都是整型,计算机将按整除计算,去掉小数部分,但这不是我们需要的。如果是 1.0,那么计算机将按实型除计算,保留小数点后 6 位(详见 3.6 节)。

2.5 函数与对象的存储类别

自设计函数引出两个问题。

(1)不同函数自定义的对象(包括实参与形参)如果同名,是否会发生冲突?所谓**冲突**是指不能确定引用的是哪一对象。

(2)为了有效地利用系统空间资源,一个对象应该最多只能存在多长时间?

这两个问题引出了对象的作用域和生命周期的概念。

对象作用域是指对象应该在程序的哪一部分可以直接引用,或通俗地说,在程序中的哪一部分是可见的。作用域的边界有三种:块、函数和文件。

对象生命周期是指对象从创建到撤销的这段时间。

一个对象如果不在其生命周期,显然不在其作用域;如果在其生命周期,未必一直是可见的。

对象根据其作用域和生命周期不同而分为不同**存储类别**:(自动)局部变量、静态局部变

量、外部变量、寄存器变量、动态对象。

对象存储类别与类型不同：类型是一种存储模式，是按对象的大小、存储格式和基本操作来分类的，有整型、浮点型、字符型等；而存储类别是按对象的作用域和声明周期来分类的，同一类型的对象可以是不同的存储类别，不同类型的对象是一个存储类别。

2.5.1 局部变量

函数的形参和在函数体内定义的变量统称为**自动局部变量**（简称**局部变量**）和**静态局部变量**。形参只能是自动局部变量。

局部变量在变量定义最前面加关键字 auto 修饰，但是一般都省略。

例如，int a, b;

相当于

```
auto int a,b;
```

一个函数的局部变量，从执行其定义语句时创建（如果是形参，就是在参数传递时创建），开始了其生命周期；当函数执行结束，局部变量被撤销，其生命周期结束。

局部变量只能由它所属的函数直接引用，这是局部变量的作用域，即局部变量的作用域范围是它所属的函数。从参数传递开始，局部变量就进入了它的作用域；当函数结束，或中途去调用其他函数时，局部变量就离开它的作用域。一个局部变量不在它的生命周期，肯定也不在它的作用域。反之不一定，一个函数，中途去调用另一个函数，这时作为主调函数处于“中断”或“等待”状态，其局部变量还在生命周期，但是离开了作用域，等到程序流程从被调函数返回到主调函数，局部变量又回到作用域。

由上述可以推断：两个函数的局部变量如果同名，不会发生冲突，因为两个函数在调用过程中只有两种调用关系，一种是主调函数与被调函数，另一种是前后被调用。在第一种关系中，一个是主调函数，另一个是被调函数，在执行被调函数时，主调函数的局部变量的空间依然存在，系统只能为被调函数的局部变量另外分配空间，这使得它们的空间肯定不同，因此不会发生冲突。在第二种关系中，两个函数先后被调用，这时它们的局部变量空间可能相同，因为前者占用的空间被系统撤销之后可以分配给后者，然而用的时间段不同，因此也不会发生冲突。

2.5.2 静态局部变量

一个函数的局部变量，其生命周期是一次函数调用时间，因此不能被该函数在反复调用时所共享，它没有“记忆”，不能累计该函数被多次调用的结果。这是局部变量的局限性。解决的方法是引入静态局部变量。

静态局部变量在声明前加关键字 static。它必须初始化，默认初始化值为“0”，而且初始化语句只在函数第一次被调用时执行一次，以后调用不再执行。静态局部变量和局部变量有共同的作用域,但是生命周期不同:静态局部变量的生命周期从初始化开始,到整个程序结束。

程序设计:两个函数总共被随机调用 5 次,被调用 3 次以上者,输出 I' m luckey。

程序 2.10 静态局部变量应用。

```
#include<stdio.h>
#include<time.h>                          //srand
void f1( )
{
   static counter=0;                      // 静态局部变量
   counter++;
   if(counter==3)
       printf("f1:I' m luckey!\n");
}
void f2( )
{
   static counter=0;                      // 静态局部变量
   counter++;
   if(counter==3)
       printf("f2:I' m luckey!\n");
}
int main( )
{
   int i;
   srand(time(0));                        // 随机数种子函数
   for(i=1;i<=5;i++)
       if(rand( )%2==0)                   // 如果随机数是偶数
           f2( );
       else                               // 如果随机数是奇数
           f1( );
       return 0;
}
```

2.5.3 外部变量

局部变量和静态局部变量都有一个局限性,它们的作用域仅限于它所属的函数,不能被多个函数共享。为解决这个问题,引入外部变量。

在函数外部定义的变量称为**外部变量**,也称为**全局变量**。外部变量在默认情况下初始化为“0”，它的生命周期从编译阶段开始，直到程序结束，它的作用域是其定义之后的所有函数，也就是说，在其定义之下的所有函数都可以访问它。不过，如果一个函数的局部变量与外部变量同名，那么函数只“认识”其局部变量。

不过，要尽可能不用外部变量，因为它破坏了数据和函数的独立性。

概括地说，局部变量的作用域是其所属函数，生命周期是其所属函数的一次调用时间；静态局部变量的作用域与局部变量相同，但是生命周期是从初始化开始到程序运行结束；外部变量的作用域是其定义之下的所有函数，生命周期从编译开始到程序运行结束。

2.5.4 寄存器变量

局部变量和外部变量都位于存储器。其中的数据要进入 CPU 中的寄存器，才能进行计算。寄存器与计算器直接相连，数据存取速度快得多。如果一些数据简单而使用频繁，那么可以直接存储为寄存器变量。寄存器变量的声明格式为：

register 类型标志符 变量名;

因为寄存器的数量有限，所以用户定义的寄存器变量只是一种建议，不一定都被系统采纳。特别是，现在的编译器都具有代码优化功能，知道什么时候将哪些数据放到寄存器中更合理。因此，register 是一个完全不需要用户去关心的关键字，只需要知道有寄存器变量这种类别就可以了。

一、简要回答以下问题。

1. 什么是函数？
2. 什么是参数传递？
3. 参数传递的语义是什么？
4. 什么是函数的自变量？
5. 什么是函数自变量的一个生命周期？
6. 不同的函数，其自变量用不同的名字，是否更好？
7. 不同函数的自变量如果同名，编译器是如何区分的？
8. 不同函数的自变量会同时占用同一个内存单元吗？
9. 被调函数的返回值是如何传递给主调函数的？
10. 一个函数的调用过程可以概括为三步，是哪三步？
11. 函数声明和函数定义的区别是什么？
12. return 语句有哪两种功能？
13. 下面的科学记数法是什么意思？

（1）1e–6

（2）1.23456e+4

14. 举例说明什么是条件控制循环，什么是计数控制循环。

二、编写程序。

1. 编写函数，计算 1~n 之间的所有质数之和。判断一个数是否是质数时，要求调用函数 Prime。

2. 编写函数，将输入的一个偶数分解为两个质数输出。例如：输入 8，输出 8=3+5。

3. 编写检验密码函数，密码输入错误时，允许重新输入，最多 3 次。输入错误时提示："输入错误，请重输！"。如果 3 次输入错误，程序停止，并提示："非法用户！"。如果密码正确，提示"欢迎使用！"。然后输出密码各个位值之和。

4. 编写两个功能函数 A 和 B，它们相互调用。

第 3 章 指针和数组

指针和数组密切相关。

——Stanley B.Lippman

很多人认为，数组是 C 语言的缺陷，实际上，对认真的实践者来说，它是一个优雅而完美的复合概念。

——Kenneth A.Reek

函数 Invert( )和 Accumulate( )都是处理一个整数，前者是按位逆置，后者是按位累加。如果要处理一个整数序列(例如反向排列或逐个累加)，而且这个序列有数以万计的整数，那么仅仅命名等量的对象来存储这些整数就是不可能的。何况，序列中的整数是有前后关系的，如何存储这种关系是以前根本没有遇到的问题。为解决这些问题，需要指针和数组。

3.1 指针和地址传递

一个对象有三个值：它存储的值，它占用的字节数和它的地址。每一个对象的名称，经过编译之后，都替换为一个由该对象的地址和类型所构成的数对。类型决定了从地址开始的连续多少字节是对象的内存单元，数值在对象中的存储格式以及对存储在对象中的数值可以实施的基本操作。现在需要把这种“台后”机制搬到“前台”来，以解决难题，因为地址是数值，用数值来表示对象，既省却了对象的命名，又容易表示对象的前后关系。

3.1.1 地址和指针

一个对象的内存单元占一个或多个连续的字节，首字节的地址是该对象的地址。一个用来存储地址的对象称为**指针**。每种类型都有对应的指针类型：一种类型T，它所对应的指针称为“指向T型”的指针，简称T型指针，“指向T型”是指针类型，用T*表示。“一个指向T型的指针，用来存储T型对象的地址”（Bjarne Stroustrup）。如果一个指针存储了一个对象的地址，就称这个指针**指向**这个对象，而且对该指针使用间接访问符*所得到的表达式就等价于该对象的名称。概括如下：

```
T* pointer;          //指向T型的指针pointer
T var;               //T型对象var
pointer=&var;        //指针pointer指向对象var
```

指针和对象的关系如图3-1所示。

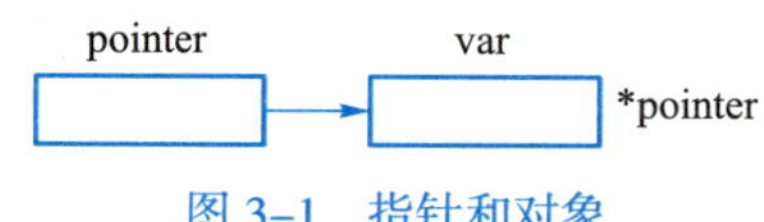

图3-1 指针和对象

例如：

```
int n=456;           //整型对象n
int* p;              //整型指针p
p=&n;                //p指向对象n
*p=654;              //相当于n=654;
```

指针示例如图3-2所示。

(a) int n=456; int* p;　(b) p=&n;　(c) *p=654;

图3-2 指针示例

一个指针和两个对象关联，一个是它本身，例如图 3-1(a)中的对象 p，另一个是它所指向的对象，例如图 3-1(b)中的对象 n。这是一个统一体。指针本身所存储的值是它所指向的对象的地址，例如，p 的值是 n 的地址。

指针是复合类型。所谓**复合类型**是指依赖其他类型而存在的类型。指针所依赖的类型是指针所指向的类型，指针的值是它所指向的对象的地址。

程序 3.1 应用指针修改对象的值。

```
#include<stdio.h>
int main( )
{
    int  n=456;                    //n 是整型对象
    int* p;                        //p 是整型指针

printf("n=%d\n",n);                //输出 n 的原值

    p=&n;                          //p 指向对象 n
    *p=654;                        //用指针修改对象 n 的值

    printf("after changing:\n");
    printf("n=%d\n",n);            //输出对象 n 的值

    return 0;
}
```

程序运行结果:

```
n=456
after changing:
n=654
```

程序分析:

在指针定义或声明时，如果只有一个指针，那么符号“*”靠近哪一方都可以。例如：

```
int* p;            //靠近类型
```

或

```
int *p;            //靠近指针
```

或

```
int * p;           //居中
```

如果一条定义或声明语句有多个指针，那么符号“*”要靠近指针。例如：

```
int *p, *q;
```

但是，提倡的风格是，符号“*”靠近类型，使类型和指针的界限更分明；一条语句只定义或

声明一个对象,使每一个对象都能有必要的用法说明。

3.1.2 两种参数传递

在函数的参数传递中,如果传递的是对象的地址,则称**地址传递**,如果传递的是对象的值,则称**值传递**。简单判断方法是,如果形参是指针,就是地址传递,否则就是值传递。

在值传递中,实参和形参是两个独立的对象,实参通过复制将其值传递给形参。后者只是前者的副本。被调函数对形参的任何操作都不能作用到实参。以一个整数按位累加为例:

```
int Accumulate(int n)
{
    int accum=0;
    while(n!=0)
    {
        accum+=n%10;
        n=n/10;
    }
    return accum;
}
int main()
{
    int n=3456;
    int accum;
    accum=Accumulate(n);
    …
}
```

在参数传递时,实参 n 复制给形参 n。在执行 return 语句时,被调函数 Accumulate( )的自变量 accum 复制给临时对象 _temp。在将结果返回到主调函数时,临时对象 _temp 复制给主调函数 main( )的自变量 accum。一共三次复制。如果实参的内存单元很大,那么效率就低了。

在地址传递中,不论实参的内存有多大,形参作为指向实参的指针总是 4 个字节,被调函数通过指针可以将处理结果直接写入实参,见程序 3.2。

程序 3.2 用地址传递实现一个整数的按位累加。

```
#include<stdio.h>
void Accumulate(int* p)
{
```

```
    int accum=0;
    while((*p)!=0)
    {
        accum+=(*p)%10;
        (*p)=(*p)/10;
    }
    *p=accum;
}

int main()
{
//变量
    int n;
//输入
    printf("Enter an integer:\n");
    scanf("%d",&n);
//处理
    Accumulate(&n);
//输出
    printf("%d\n",n);

    return 0;
}
```

程序分析：

(1) 如果函数没有显式的返回值，即 return 语句不带返回值，那么返回值类型为 void。这种情况下，return 语句可以省略，函数执行到底即函数体的右括号，自动返回到主调函数。也可以不省略，但是不带返回值(return;)，其功能只是返回到主调函数调用处。

(2) 根据形参列表(int* p)可知，形参 p 是整型指针，因此参数传递是地址传递。根据实参列表可知，传递的是整型对象 n 的地址。结果使 p 指向 n。传递的语义等价于实参给形参初始化：

```
int* p=&n;
```

(3) scanf()语句

```
scanf("%d",&n);
```

其中，第二个实参是表达式 &n，是对 n 取址，因此对该参数而言，scanf()也是地址传递。

现在可以说清楚为什么 scanf()要传递对象的地址了，因为只有这样，才可以把键盘输入的值存储到该对象中。将 printf()和 scanf()进行对比。printf()的格式如下：

printf(格式控制字符串,输出参数);

假设输出参数名为 out。输出语句 printf("%d",n)在参数传递时将 n 的值复制给 out,这是值传递。printf()实际输出的是 out 的值。

scanf()的格式如下:

scanf(格式控制字符串,输入参数);

假设输入参数名为 in。输入语句 scanf("%d",&n)在参数传递时把表达式 &n 的值即 n 的地址赋给 in,这是地址传递,使函数 scanf()可以把输入的值通过对象 n 的地址写入对象 n。很多人在使用 scanf()函数时容易丢失取址符 &,在他们的潜意识里,scanf()是输入函数,这本身就说明,输入的数据是赋给变量 n 的,不用加取址符 &。这种望文生义是一种理想,这种理想要通过一种具体的参数传递机制才能落实,而 C 语言不具备这种机制。等到必须增加这种机制的时候,C++ 的学习就开始了。

如果语句 scanf("%d",&n)丢失变量 n 前的取址符 &,变成 scanf("%d",n),那么程序运行时,有的系统不会给出任何错误提示,而是直接终止程序,然后给出一个警示框,表示问题很严重。这是为什么呢?

变量的地址和变量的值不同。变量是仓库,变量的地址是这个仓库的门牌号,变量的值是仓库里的存货。如果丢失取址符 &,那么 scanf()就把变量 n 的值当作地址,把输入的值存储到不该存储的地方去了,这是**地址类错误**。这种错误可能破坏系统数据,有“黑客”嫌疑,因此被视为严重错误。

3.1.3 对象值交换

设计一个函数,交换两个对象的值。

方法 1:值传递方法。

函数头设计:将函数命名为 SwapByValue,表示以值传递的方式交换。将形参列表设为(int x,int y),表示交换整型对象 x 和 y 的值。将返回值类型设为 void,表示无显式的返回值。于是得到函数头:

```
void SwapByValue(int x,int y)
```

函数体设计:三角交换 x 和 y 的值,即借助第三方交换 x 和 y 的值。过程如下:

```
int temp;      //第三方
temp=x;
x=y;
y=temp;
```

于是得到函数体:

```
void SwapByValue(int x,int y)     //交换两个对象的值
{
    int temp;
```

```
        temp=x;
        x=y;
        y=temp;
}
```

程序 3.3 以值传递方法交换两个对象的值。

```
#include<stdio.h>

void SwapByValue(int x,int y);// 函数声明。交换两个对象的值

int main()
{
// 变量
    int a;
    int b;
// 输入
    printf("Enter two integers:\n");
    scanf("%d",&a);                     // 输入两个整数,分隔符是空格或换行符
    scanf("%d",&b);
// 处理
    SwapByValue(a,b);
// 输出
    printf("%d\t",a);                   //"\t"是转义字符,表示制表符
    printf("%d\n",b);

    return 0;
}
void SwapByValue(int x,int y)// 交换两个对象的值
{
    int temp;
    temp=x;
    x=y;
    y=temp;

    return;
}
```

程序运行结果(粗体表示输入):

```
Enter two integers:
```
5 8[Enter]
```
5         8
```

程序分析:

(1)从输出结果来看,实参 a 和 b 的值并没有交换。为什么呢?因为在值传递中,形参 x 和 y 是实参 a 和 b 的副本,被调函数交换的只是形参的值,如图 3-3(a)所示。

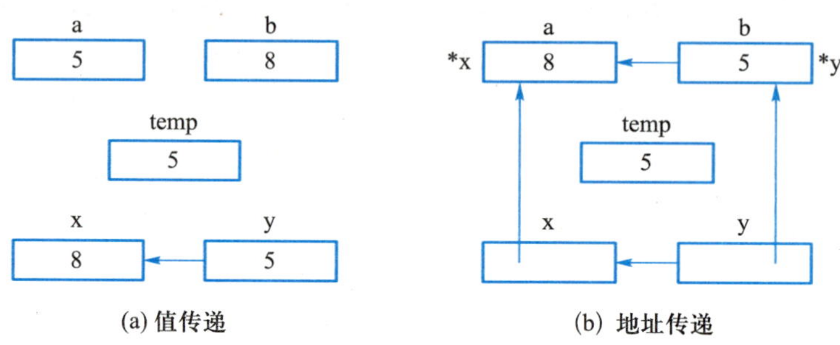

图 3-3 值传递和地址传递示意图

(2)在输入部分,语句

```
scanf("%d",&a);
scanf("%d",&b);
```

可以合并为一条语句:

```
scanf("%d%d",&a,&b);
```

(3)在输出部分,语句:

```
printf("%d\t",a);
printf("%d\n",b);
```

可以合并为一条语句:

```
printf("%d\t%d\n",a,b);
```

其中,"\t"是转义字符,表示制表符,功能是横向跳到下一个制表符位置,相当于文本输入时的 Tab 键。

方法 2:地址传递方法。

函数头设计:将函数命名为 SwapByAddress,表示以地址传递的方式交换。将形参列表设为(int* x,int* y),表示交换指针 x 和 y 所指向的对象的值。将返回值类型设为 void,表示无返回值。于是得到函数头:

```
void SwapByAddress(int* x,int* y)
```

函数体设计:需要借助第三方,实现三角交换,过程如下:

```
int temp;
temp=*x;
```

```
*x=*y;
*y=temp;
```

于是得到函数体:

```
void SwapByAddress(int* x,int* y)// 交换两个对象的值
{
     int temp;
     temp=*x;
     *x=*y;
     *y=temp;
}
```

程序 3.4 以地址传递的方式交换两个对象的值。

```
#include<stdio.h>
void SwapByAddress(int* x,int* y);     // 函数声明。交换两个对象的值

int main()
{
// 变量
    int a;
    int b;
// 输入
    printf("Enter two integers:\n");
    scanf("%d%d",&a,&b);                // 输入的两个值用空格或换行符分隔
// 处理
    SwapByAddress(&a,&b);
// 输出
    printf("%d\t%d\n",a,b);

    return 0;
}
void SwapByAddress(int* x,int* y)      // 交换两个对象的值
{
    int temp;
    temp=*x;                            //*x 等价于实参 a
    *x=*y;                              //*y 等价于实参 b
    *y=temp;
}
```

程序运行结果（粗体表示输入）：

```
Enter two integers:
5  8[Enter]
8         5
```

程序分析：

形参 x 和 y 都是指针，在地址传递中，它们分别指向实参 a 和 b，然后利用间接访问，交换了对象 a 和 b 的值，如图 3-3（b）所示。

3.2 数组和线性表

假设有一个整数序列需要计算机处理。首先要将这个序列作为一个整体来描述，这需要引入线性表概念。所谓**线性表**是指类型相同的有限个数据元素所构成的序列。一万个整数所构成的序列是线性表的一个特例。为了简单起见，以 10 个整数为例：

5，10，15，20，25，30，35，40，45，50

线性表中除首元素和尾元素之外，每一个元素都有一个前驱和一个后继。例如：10 的前驱是 5，后继是 15。首元素 5 没有前驱，但有一个后继 10。尾元素 50 没有后继，但有一个前驱 45。

然后存储线性表，既要存储数据元素，也要存储前后关系。实现这种存储的最简单方案是数组。

数组是类型相同、空间相邻、个数有限的对象所组成的序列。数组的每一个对象称为**数组元素**，数组元素的个数称为**数组长度**或**数组容量**。

要想得到一个数组，需要定义。程序语言不同，数组定义的语法不同。在 C 语言中，数组定义格式如下：

类型 数组名 [整型常量]；

其中，类型表示数组元素类型，数组名是程序员根据命名规则指定的，整型常量的值要大于 0，表示数组长度。例如：

```
int a[10];                    // 整型数组
```

其中，数组元素是整型，数组名是 a，数组长度是 10。数组元素没有名称，但是有与名称等价的索引表达式，如下所示：

```
a[0],a[1],a[2],a[3],a[4],a[5],a[6],a[7],a[3],a[9]
```

其中的数字称为索引。注意，首元素的索引是 0，不是 1；尾元素的索引是 9，不是 10，比数组长度少 1。

数组可以初始化，例如：

```
int a[10]={5,10,15,20,25,30,35,40,45,50};
```

等价于

```
int a[10];
a[0]=5;
a[1]=10;
…
a[9]=50;
```

这样一来,线性表的每一元素都对应一个数组元素。例如:5 对应 a[0],10 对应 a[1],50 对应 a[9],这是线性表的数据元素的存储。线性表的任意两个元素,如果具有前驱和后继关系,那么它们所对应的数组元素的索引相差 1,例如,5 是 10 的前驱,它们所对应的数组元素是 a[0]和 a[1],这是线性表的关系的存储。

线性表还包含一些基本算法,例如插入一个数据元素,删除一个数据元素,这些算法是如何在数组上实现呢?随着本书内容的深入将逐步介绍。

数组的初始化还有以下几种形式:

(1)数组长度由初始化数据个数确定,例如:

```
int a[]={5,10,15,20,25,30,35,40,45,50};
```

(2)初始化数据不足时,编译器用 0 元素填充,例如:

```
int a[10]= {5,10,15 };
```

相当于

```
int a[10]={5,10,15,0,0,0,0,0,0,0};
```

(3)当初始化数据都为 0 时,可以写成

```
int a[10]={0};
```

程序 3.5 对数组中的数据累加。

```
#include<stdio.h>
int main( )
{
// 变量
    int a[10];
    int i;                  // 表示数组索引
    int s=0;                // 累加器
    int item;               // 存储输入
// 输入
    printf("Enter 10 integers:\n");
    for(i=0;i<10;i++)       // 输入的数据用空格或换行符来分隔。i++ 等价于 i=i+1
    {
            scanf("%d",&item);
            a[i]=item;
    }
```

```
//处理
    for(i=0;i<10;i++)
            s=s+a[i];
//输出
    printf("%d\n",s);

    return 0;
}
```

程序运行结果(粗体表示输入):

```
Enter 10 integers:
1  2  3  4  5  6  7  8  9  10[Enter]
55
```

程序分析:

(1)输入数据时,可以一行输入一个数据,也可以一行输入多个数据,同一行输入的数据要用空格分隔(空多少格无所谓)。每一行输入的数据都先进入缓冲区,然后 scanf( )从输入缓冲区依次提取数据,赋给对象 item。关于输入缓冲区的内容可以参看第 7 章。

(2)在访问数组元素时,常犯的错误是**越界错误**(bounds error)和**偏一错误**(off-one error)。例如,对长度为 10 的数组 a,访问数组元素 a[10]就是越界错误,因为没有索引为 10 的元素。把 a[1]当作数组首元素,是偏一错误,因为数组首元素的索引是 0。在数组输入时,下面的 for 语句就出现了这两类错误。

```
for(i=1;i<=10;i++)   //i=1 是偏一错误,i<=10 是越界错误。
{
     scanf("%d",&item);
     a[i]=item;
}
```

(3)数组元素和数据元素不同。数组元素是数组的组成部分,而数据元素是存储在数组元素中的数据。一个长度为 10 的数组,其数组元素个数为 10,最多可以存储 10 个数据元素。数据元素个数可以小于但不能大于数组元素个数。例如,程序 3.5 中,数组定义语句可以改为

```
int a[20];          //长度为 20 的整型数组
```

而其他语句不变。这时,数组元素个数是 20,数据元素个数是 10。但是,如果数组定义语句改为

```
int a[5];           //长度为 5 的整型数组
```

而其他语句不变,就是越界错误,因为数据元素个数超过了数组元素个数。

3.3 指针和数组

C 语言只有两种参数传递方式：值传递和地址传递。数组作为实参，应该采用哪一种传递方式呢？因为值传递的实质是复制，而数组元素可以数以万计，所有元素都要复制，这既占空间又占时间，这是不可取的。下面研究数组的地址传递。

3.3.1 指针和数组的统一

1. 地址运算

数组是由一组对象构成的，这组对象类型相同，而且一个挨着一个。因为类型相同，所以每个对象的大小都是一样的。因为一个挨着一个，所以任意两个相邻对象的地址都相差一个对象的字节数。这种结构称为线性连续存储模式。

针对这种存储模式，C 语言定义了地址的算数运算：一个对象的地址加 1，其地址增量是该对象的字节数，其结果是紧邻其后的下一个对象的地址；一个对象的地址加 n，其地址增量是 n 个对象的字节数，其结果是其后的第 n 个对象的地址。因为地址是存储在指针中的，所以地址的算数运算也就是指针的算数运算。

为表示数组元素，数组名需要转换为指向数组首元素的指针常量，然后通过指针算数运算得到指向其他数组元素的指针常量。以长度为 10 的整型数组 a 为例，数组名 a 表示的是指向首元素 a[0]的指针常量，a+i（0 ≤ i<10）表示的是指向数组元素 a[i]的指针常量。以 a+5 为例，系统从 a 表示的指针常量中取出数组首元素地址，从字面常量 5 中取出 5，然后相加，得到数组元素 a[5]的地址，并将这个地址存储在一个指针常量中。a+5 所表示的便是这个指针常量。指向数组元素的所有指针常量如下所示：

a，a+1，a+2，a+3，a+4，a+5，a+6，a+7，a+8，a+9

在指针常量前加间接访问符，便得到数组元素的指针表达式：

(a+0)，(a+1)，*(a+2)，*(a+3)，*(a+4)，*(a+5)，*(a+6)，*(a+7)，*(a+8)，*(a+9)

而数组元素的索引表达式是指针表达式的等价形式：

a[0]，a[1]，a[2]，a[3]，a[4]，a[5]，a[6]，a[7]，a[3]，a[9]

即 a[i]与 *(a+i)等价，换句话讲，关系表达式 a[i]==*(a+i)的值等于 1。

在索引表达式中，其中的数字表示索引。如果数组长度为 n，那么索引取值从 0 到 n–1。与此对应，将数组的首元素称为数组第 0 个元素，尾元素为数组第 n–1 个元素。

数组的两种简单表示法，以上面的数组 a 为例。

（1）a[0：10)，其中左闭右开区间中的 0 是首元素的索引；10 是数组元素索引的最小上界，但不是数组元素的索引，它在循环时可以作为索引的上限。应用举例：

```
for(i=0;i<10;i++)
    printf("%d\t",a[i]);
```

（2）a[0:9]，其中闭区间中的0是首元素的索引，9是最后一个元素的索引。应用举例：

```
for(i=0;i<=9;i++)
    printf("%d\t",a[i]);
```

2. 数组对指针的依赖

数组是复合类型：所谓复合类型是指依赖其他类型而存在的类型。那么什么是数组类型？什么是它所依赖的类型呢？

数组类型是对整个数组空间而言的，它是所有数组元素类型之和。以长度为10的整型数组a为例，它的类型是int[10]。数组名原本是这种类型对象的名称。

数组所依赖的类型是指针类型：因为数组元素没有名称，所以要访问数组元素，就要依赖指针。

数组名什么时候是整个数组空间的名称？什么时候是指针？要根据上下文而定。以长度为10的整型数组a为例：作为操作符sizeof的操作数，a是数组空间的名称，表示类型为int[10]的对象，因此sizeof(a)的值是40，是数组空间的字节数，是10个整型数组元素的大小之和，与sizeof(int[10])的结果是一样的；而在数组元素的表达式中，在数组给指针赋值时，数组名a被转换为指向数组首元素的指针常量，如下所示：

```
a+i,   *(a+i),   a[i]
int*p=a;                //int*p;p=a;
```

数组给指针的赋值过程是这样的：首先将数组名a转换为指向数组首元素的指针常量，然后将指针的值即数组元素的地址赋给指针p。结果，p成为指向数组a的首元素的指针。

3. 指针对数组的依赖

指针也是复合类型。

指针本身从存储格式来说相当于整型，其对象大小一般为4个字节（因系统而定）。

指针所依赖的类型是数组，这有两个方面的意思。

（1）指针所依赖的类型是它所指向的数组首元素的类型。指针的值就是这个元素的地址。这里需要特别指出，当指针仅仅指向一个孤立的对象时，该对象可以看作是长度为1的数组。

（2）指针的加减算术运算范围依赖它所指向的数组长度。例如：

```
int a[10];
int* p=a;               //int* p=&a[0];
```

或

```
int* p;
p=a;                    //int* p;  p=&a[0];
```

这时，p+i与a+i等价（$0 \leq i<10$）。超出这个范围，例如p+10，它是一个没有对象指向的指针，是无效指针。这种指针可以用于指针移动时的条件控制，但是不能用来访问对象。

4. 数组的地址传递

如果形参列表为(int* p, int n),实参列表为(a, 10),那么经过参数传递:

```
int *p=a;
int n=10;
```

p+i 与 a+i 等价,p[i]与 a[i]等价(0 ≤ i<10),即 p[0: 10)与 a[0: 10)等价。

应用举例:

```
for(i=0;i<10;i++)
    printf("%d\t",a[i]);
```

与

```
for(i=0;i<10;i++)
    printf("%d\t",p[i]);
```

等价。

5. 数组元素类型和数组类型

所谓整型数组,通常指数组元素为整型的数组。实际上,数组本身的类型应该是数组元素类型加数组长度。例如:

```
int a[10];
```

数组 a 的类型是 int[10]。

3.3.2 数组求和

函数设计:对数组的数据元素累加。

函数头设计:将函数命名为 Sum,表示累加。将形参列表设为(int* p, int n),表示累加对象是整型数组 p[0: n)。将返回值类型设为整型,表示累加结果为整数。于是得到函数头:

```
int  Sum(int* p,int n)
```

函数体设计:用 i 表示数据元素索引,s 用于累加器,初值为 0。

```
int i;                      //数组索引
int s=0;                    //累加器
for(i=0;i<n;++i)            //对数组元素累加
    s+=p[i];
return s;
```

于是得到函数定义:

```
int  Sum(int *p,int n)
{
    int i;                  //数组索引
    int s=0;                //累加器
    for(i=0;i<n;++i)        //对数组元素累加
```

```
        s+=p[i];                    //s=s+p[i];
    return s;
}
```

程序 3.6 改进程序 3.5,用函数对数组求和。

```
#include<stdio.h>
int  Sum(int* p,int n);// 对数组 p[0:n)求和
int main( )
{
// 变量
    int a[10];
    int i;                          // 数组索引
    int s=0;                        // 累加器
    int item;                       // 存储输入
// 输入
    printf("Enter 10 integers:\n");// 输入提示
    for(i=0;i<10;i++) // 输入的数据用空格或换行符来分隔。i++ 等价于 i=i+1
    {
        scanf("%d",&item);
        a[i]=item;
    }
// 处理
    s=Sum(a,10);
// 输出
    printf("%d\n",s);
    return 0;
}
int  Sum(int *p,int n)
{
    int i;                          // 数组索引
    int s=0;                        // 累加器
    for(i=0;i<n;++i)                // 对数组元素累加
        s+=p[i];
    return s;
}
```

程序分析:

(1) 输入部分的 for 语句

```
for(i=0;i<10;i++)
```

```
    {
        scanf("%d",&item);
        a[i]=item;
    }
```

可以简化如下：

```
for(i=0;i<10;i++)
    scanf("%d",&a[i]);           //直接存入数组元素
```

或

```
for(i=0;i<10;i++)
    scanf("%d",a+i);             //a+i 等价于 &a[i]
```

其中 for 子句的第二个表达式 i<10 中的 10 是数组 a[0:10)的索引最小上界。

（2）对比两个函数的形参列表：

```
int  Sum(int* p,int n);
void InvertByPointer(int* p);
```

从形式上看，这两个函数都有一个形参是指针，但是在函数 Sum()的形参列表中，指针 p 所对应的实参是数组，整型变量 n 所对应的实参是数组的数据元素个数或数组长度，它们是一个整体。在函数 InvertByPointer()的形参列表中，指针所对应的实参只是一个对象的地址。为了区别，对形参列表中与数组对应的指针，C 语言允许用另一种格式来声明，如下所示：

```
int  Sum(int p[],int n);
```

形参列表(int p[ ], int n)与(int* p, int n)等价，只是风格不同。

3.3.3　数组逆置

函数设计：将数组的数据元素逆置。

函数头设计：将函数命名为 InvertArray，表示将数组的数据元素逆置。将形参列表设为(int* p, int n)，表示逆置的对象是数组 p[0:n)。将返回值类型设为 void，表示没有 return 语句带回的返回值。于是得到函数头：

```
void InvertArray(int* p, int n)
```

函数体设计——算法步骤如下。

（1）令 left 和 right 分别为数据首元素和尾元素的索引。

（2）只要 left 小于 right，就重复执行下列操作：交换数组元素 p[left]和 p[right]的值，然后 left 的值减 1，right 的值加 1。如图 3-4 所示。

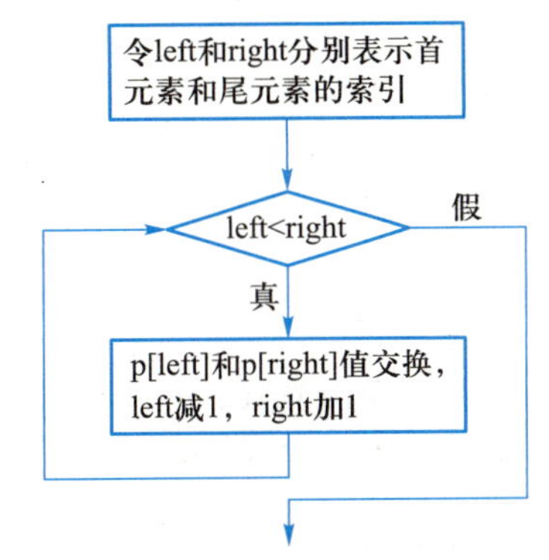

图 3-4　数组 p[0:n)的数据元素逆置

于是得到函数定义如下：

```
void InvertArray(int* p,int n)
{
    int left=0;                        //首元素索引
    int right=n-1;                     //尾元素索引
    int temp;                          //用于三角交换
    while(left<right)
    {
        temp=p[left];
        p[left]=p[right];
        p[right]=temp;
        left++;
        right--;
    }
}
```

程序 3.7 把数组中的数据元素逆置。

```
#include<stdio.h>
void InvertArray(int* p,int n);//逆置
void OutputArray(int* p,int n);//输出
int main()
{
//变量
   int a[10];
   int i;                        //表示数组索引
   int item;                     //存储输入
//输入
   printf("Enter 10 integers:\n");
   for(i=0;i<10;i++)             //输入的数据用空格或换行符来分隔
   {
        scanf("%d",&item);
        a[i]=item;
   }
//逆置
   InvertArray(a,10);
//输出
   printf("after invert:\n");
   OutputArray(a,10);
```

```
    return 0;
}
void InvertArray(int* p,int n)// 逆置
{
    // 代码见上
}
void OutputArray(int* p,int n)// 输出
{
    int i;
    for(i=0;i<n;i++)
        printf("%d\t",p[i]);
    printf("\n");

}
```

程序运行结果(粗体表示输入):

```
Enter 10 integers:
1 2 3 4 5 6 7 8 9 10[Enter]
after invert:
10	9	8	7	6	5	4	3	2	1
```

程序分析:

(1)语句

```
p[left]=p[right];
p[right]=temp;
left++;                // 索引向右移动
right--;               // 索引向左移动
```

可以合并如下:

```
p[left++]=p[right];
p[right--]=temp;
```

前者层次清晰,易读;后者语句简洁,专业。

(2)如果把 while 语句换成 for 语句,那么就遇到一个问题:表达式 1 需要给两个变量赋值,表达式 3 要修改这两个变量的值,怎么办?这就用到了**逗号表达式**。逗号表达式是由逗号连接起来的若干个子表达式,它们从左往右依次执行,最后一个表达式的值是整个逗号表达式的值。不过对 for 语句而言,有意义的不是逗号表达式的值,而是其中的每一个子表达式都依次执行,如下所示:

```
void InvertArray(int* p,int n)
{
```

```
    int left;                          //首元素索引
    int right;                         //尾元素索引
    int temp;                          //用于三角交换
    for(left=0,right=n-1;left<right;left++,right--)
    {
        temp=p[left];
        p[left]=p[right];
        p[right]=temp;
    }
}
```

又例如：

```
printf("%d\n",(i=2,j=9-i));
```

输出的是 7，是逗号表达式中表达式 j=9-i 的值。注意，逗号表达式要括起来，表示输出的是逗号表达式的值，否则输出的是第一个表达式 i=2 的值。

3.4 const 限定符

1. const 限定符

一个程序可以包含多个函数，在地址传递中，这些函数可以通过形参列表中的指针来间接访问同一个对象，以程序 3.7 为例：

```
void OutputArray(int* p,int n);         //数组输出
void InvertArray(int* p,int n);         //数组逆置
```

这两个函数都是通过指针 p 访问数组，不过 OutputArray( ) 只是读取数组的值，InvertArray( ) 则要改写数组的值。

如果一个对象是只读的，却被某些函数改写了，那么整个程序的结果就是错误的，而且这种错误还很难发现，因为是运行时错误。现在需要一种机制，使这种错误在编译阶段就可以发现，即把运行时错误转为编译时错误，这种机制便是 **const 限定符**。

2. const 型对象

由 const 限定符限定的对象称为 const 型对象或 const 型常量。这种对象只能初始化，在初始化之后不再是左值，不能改写。const 型对象定义或声明格式如下：

const 类型 变量名 = 初始化数据;

或

类型 const 变量名 = 初始化数据;

例如：

```
const double pi=3.1415926;              //圆周率
```

```
pi=3.14;                                    //错!
```

又例:

```
const int a[12]={31,28,31,30,31,30,31,31,30,31,30,31};
                                            //非闰年每月天数
a[1]=29;                                    //错!
```

3. 指向 const 型对象的指针

一个指针涉及两个对象,一个是指针本身,另一个是它指向的对象。如果一个指针对它所指向的对象只能读取,不能修改,那么这个指针称为**指向 const 型对象的指针**。如果一个指针本身是 const 型对象,那么该指针称为 **const 型指针**。本节只讲前者,即指向 const 型对象的指针。这种指针的定义或声明格式如下:

const 类型 * 指针变量名;

或

类型 const * 指针变量名;

例如:

```
const int* p;          //指向 const 型对象的指针
```

或者

```
 int const* p;
```

函数 OutputArray( ),因为只是读取而不是改写数组的值,所以其形参列表中的指针应该声明为指向 const 型对象的指针;而函数 InvertArray( ),因为要改写数组的值,所以其形参列表中的指针不是指向 const 型对象的指针:

```
void OutputArray(const int* p,int n);        //数组输出
void InvertArray(int* p,int n);              //数组逆置
```

一个 const 型对象,例如 const 型整型数组:

```
const int a[12]={31,28,31,30,31,30,31,31,30,31,30,31};
```

因为其值只能读取,不能改写,所以作为实参,只能参数传递给只读函数 OutputArray:

```
OutputArray(a,12);
```

因为实参和形参的关系是前者给后者赋值,所以这种关系可以概括为,一个 const 型对象,其地址只能赋给指向 const 型对象的指针,即

```
const int a[12]={31,28,31,30,31,30,31,31,30,31,30,31};
const int* p=a;                         //对!
```

而

```
int* p=a;                               //错!
```

同理:

```
const pi=3.1415926;                     //圆周率
const int* p=&pi;                       //对!
```

而

```
int* p=&pi;                          //错!
```

一个非 const 型对象,例如非 const 型整型数组:

```
int b[10]={5,10,15,20,25,30,35,40,45,50};
```

因为其值既可以读取,又可以改写,所以作为实参,既可以传递给函数 OutputArray( )来读取,也可以传递给函数 InvertArray( )来改写:

```
OutputArray(b,10);
InvertArray(b,10);
```

因为实参和形参的关系是前者给后者赋值,所以这种关系可以概括为,一个非 const 型对象,其地址可以赋给任何指向该对象类型的指针,即

```
int b[10]={5,10,15,20,25,30,35,40,45,50}; //非 const 型数组
const int* p=b;             //传址给指向 const 型对象的指针
```

或

```
int* p=b;                   //传址给指向非 const 型对象的指针
```

同理:

```
int n=456;                  //非 const 型对象
const int* p=&n;            //传址给指向 const 型对象的指针
```

或

```
int* p=&n                   //传址给指向非 const 型对象的指针
```

如果把指向 const 型对象的指针看作一个认真办事的人,把一个 const 型对象看作需要认真办的事情,那么后者的地址只能传递给前者,意味着,一件需要认真办的事情,只能交给认真办事的人。

需要补充的是,指向 const 型对象的指针其本身不是 const 型对象,因此不必初始化,可以定义或声明之后赋值。例如:

```
const int* p;
p=&pi;
```

程序 3.8 形参列表中的指向 const 型对象的指针。

```
#include<stdio.h>
void InvertArray(int* p,int n);           //逆置
void OutputArray(const int* p,int n);     //输出
int main( )
{
//变量
    int a[10];
    int i;                                //表示数组索引
    int item;                             //存储输入
//输入
```

```
    printf("Enter 10 integers:\n");
    for(i=0;i<10;i++)                    //输入的数据用空格或换行来分隔
    {
         scanf("%d",&item);
         a[i]=item;
    }
//逆置
    InvertArray(a,10);
//输出
    printf("after invert:\n");
    OutputArray(a,10);

    return 0;
}
void InvertArray(int* p,int n)//逆置
{
    //代码见程序 3.7
}
void OutputArray(const int* p,int n)//输出
{
    int i;
    for(i=0;i<n;i++)
         printf("%d\t",p[i]);
    printf("\n");
}
```

4. 指向 const 型对象的指针传递

指向 const 对象的指针只能把值传递或赋值给指向 const 型对象的指针。以程序 3.8 为例，在 OutputArray( ) 函数体内，不能调用 InvertArray( )，如下所示：

```
void OutputArray(const int* p,int n)        //输出
{
     int i;
     InvertArray(p,n);                       //错！
     for(i=0;i<n;i++)
          printf("%d\t",p[i]);
     printf("\n");
}
```

这是为什么呢？因为在函数 OutputArray( )中，形参 p 是指向 const 型对象的指针。从该函数的角度来看，指针 p 所指向的对象就是 const 型对象，因此，在调用函数时，指针 p 作为实参，传递的是一个 const 型对象的地址，它要求被调函数所对应的形参必须是指向 const 型对象的指针。

不过在 InvertArray( )函数体内，可以调用 OutputArray( )函数，例如：

```
void InvertArray(int* p,int n)
{
    int left=0;                    //首元素索引
    int right=n-1;                 //尾元素索引
    int temp;                      //用于三角交换
    OutputArray(p,n);              //合法!
    while(left<right)
    {
        temp=p[left];
        p[left++]=p[right];
        p[right--]=temp;
    }
}
```

这又是为什么呢？在函数 InvertArray( )中，形参 p 不是指向 const 型对象的指针。在调用函数时，指针 p 作为实参，传递的是一个非 const 型对象的地址，它只要求被调函数所对应的形参是指向该对象类型的指针。

3.5 数组应用

3.5.1 最大元素

函数设计：求数组中最大数据元素，返回其索引。

函数头设计：将函数命名为 IndexOfMax，表示搜索数组中最大数据元素的索引。将形参列表设为(const int* p, int n)，表示搜索对象是数组 p[0:n)；将形参 p 设为指向 const 型对象的指针，表示该函数只是读取。将返回值类型设为整型，因为最大元素的索引是整数。于是得到函数头：

```
int IndexOfMax(const int* p,int n)
```

函数体设计：设一个整型变量 max 表示最大元素的索引，初值为 0，开始时，假设数组首元素的值最大，然后在索引区间[1:n)中顺序搜索。如果搜索到更大元素，就将 max 的值改为该元素的索引。接下去继续搜索，直到搜索完毕。返回 max 的值。函数体如下所示：

```
int IndexOfMax(const int* p,int n)
{
    int i;                              //数组索引
    int max=0;                          //最大数据元素索引

    for(i=1;i<n;++i)                    //在索引区间 [1:n)搜索
        if(p[max]<=p[i])
            max=i;
    return max;
}
```

函数分析：

根据 if 子句中的表达式 p[max]<=p[i]，如果数组有两个以上的数据元素都是最大的，那么函数返回值是索引最大的一个。如果将 if 子句中的表达式改为 p[max]<p[i]，那么函数返回值是索引最小的一个。

程序 3.9 搜索数组的最大数据元素。

```
#include<stdio.h>
int IndexOfMax(const int* p,int n);    //返回最大数据元素的索引
int main()
{
//变量
   int a[10];
   int i;                               //索引
   int max;                             //最大数据元素索引
   int item;                            //存储输入
//输入
   printf("Enter 10 integers:\n");      //输入提示
   for(i=0;i<10;i++)                    //输入数据用空格或换行符来分隔
   {
        scanf("%d",&item);
        a[i]=item;
   }
//处理
   max=IndexOfMax(a,10);
//输出
   printf("%d\n",max);
```

```
    return 0;
}
int IndexOfMax(const int* p,int n)
{
    //代码见上
}
```

程序运行结果(粗体表示输入):

```
Enter 10 integers:
10 20 30 40 50 90 60 70 80 90[Enter]
9
```

3.5.2 选择排序

函数设计:对数组的数据元素从小到大选择排序。

函数头设计:将函数命名为 Selection,表示选择排序。将形参列表设为(int* p, int n),表示排序对象是数组 p[0:n)。将返回值类型设为 void,表示没有显式的返回值,即没有 return 语句带回的返回值。于是得到函数头:

```
void Selection(int* p,int n)
```

函数体设计——步骤如下。

(1)搜索 p[0:n)中最大元素。

(2)将最大元素和尾元素交换。

(3)n 的值减 1。

重复上述过程,直到 n 的值为 1。

```
void Selection(int* p,int n)
{
    int max;                        //最大数据元素索引
    int temp;                       //用于交换
    while(n>1)
    {
        max=IndexOfMax(p,n);        //步骤(1)
        temp=p[max];                //步骤(2)
        p[max]=p[n-1];
        p[n-1]=temp;
        n--;                        //步骤(3)
    }
}
```

程序 3.10 对整型数组从小到大选择排序。

```
#include<stdio.h>
int IndexOfMax(const int* p,int n);
void Selection(int* p,int n);
void OutputArray(const int* p,int n);
int main()
{
//变量
    int a[10];
    int i;                              //索引
    int item;                           //存储输入
//输入
    printf("Enter 10 integers:\n");
    for(i=0;i<10;i++)                   //输入数据用空格或换行符来分隔
    {
        scanf("%d",&item);
        a[i]=item;
    }
//处理
    Selection(a,10);
//输出
    OutputArray(a,10);

    return 0;
}
int IndexOfMax(const int* p,int n)
{
    int i;                              //数组索引
    int max=0;                          //最大数据元素索引

    for(i=1;i<n;++i)                    //在索引区间[1:n)搜索
        if(p[max]<=p[i])
            max=i;
    return max;
}
void Selection(int* p,int n)
```

```
{
    //代码见上
}
void OutputArray(const int* p,int n)//输出
{
    int i;
    for(i=0;i<n;i++)
         printf("%d\t",p[i]);
    printf("\n");
}
```

程序运行结果(粗体表示输入):

```
Enter 10 integers:
7 6 5 4 6 7 8 3 2 1[Enter]
1       2       3       4       5       6       6       7       7       8
```

3.5.3 顺序搜索和二分搜索

1. 顺序搜索

函数设计:根据某一关键值,顺序搜索数组,查找最先出现的与关键值相等的数据元素。若存在,则返回它的索引;否则返回 -1。

函数头设计:将函数命名为SeqSearch,表示顺序搜索。将形参设为(const int* p, int n, int key),表示搜索对象是数组p[0:n),搜索的关键值是key的值,其中形参p设为指向const型对象的指针,表示该函数只是读取。将返回值类型设为整型,因为返回值是索引或 -1,它们都是整数。于是得到函数头:

```
int SeqSearch(const int* p,int n,int key)
```

函数体设计:从数组首元素开始依次将每一个数据元素与关键值比较,如果相等,则停止比较,返回该元素的索引;若没有数据元素与关键值相等,则返回 -1。

```
for(i=0;i<n;++i)
     if(key==p[i])
          return i;
return -1;
```

程序 3.11 顺序搜索。

```
#include<stdio.h>
int SeqSearch(const int* p,int n,int key);
int main()
{
```

```
// 变量
    int a[10];
    int i;                          // 索引
    int item;                       // 存储输入
// 输入
    printf("Enter 10 integers:\n");
    for(i=0;i<10;i++)
    {
        scanf("%d",&item);
        a[i]=item;
    }

    printf("Enter a key to be searched:\n");
    scanf("%d",&item);
// 处理
    i=SeqSearch(a,10,item);
// 输出
    printf("%d\n",i);

    return 0;
}
int SeqSearch(const int* p,int n,int key)
{
    int i;
    for(i=0;i<n;++i)
        if(key==p[i])
            return i;
    return -1;
}
```

程序运行结果(粗体表示输入):

```
Enter 10 integers:
1 2 3 4 5 6 7 8 9 10[Enter]
Enter a key to be searched:
5[Enter]
4
```

2. 二分搜索

函数设计:根据某一关键值,二分搜索数组,查找最先出现的与关键值相等的数据元素。

若存在,则返回它的索引;否则返回 -1。

函数头设计:将函数命名为 BinSearch,表示二分搜索。将形参列表设为(const int* p,int n,int key),表示搜索对象是数组 p[0:n),搜索的关键值是 key 的值,其中形参 p 为指向 const 型对象的指针,表示该函数只是读取。将返回值类型设为整型,因为返回值是索引或 -1,它们都是整数。于是得到函数头:

```
int BinSearch(const int* p,int n,int key)
```

函数体设计:假设数组从小到大有序。将索引区间[0:n-1]折半,用关键值与中间元素比较,如果相同就结束二分搜索,返回该元素的索引;如果小于,就取左半区继续二分搜索;如果大于,就取右半区继续二分搜索;如果索引区间为空时还没有找到,就返回 -1。

```
int BinSearch(const int* p,int n,int key)
{
    int left=0;                         // 首元素索引
    int right=n-1;                      // 尾元素索引
    int mid=(left+right)/2;             // 居中元素索引

    while(left<=right)
    {
        if(key==p[mid])                 // 如果找到
            return mid;
        if(key<p[mid])
            right=mid-1;                // 在 p[low:mid-1] 中继续搜索
        else
            left=mid+1;                 // 在 p[mid+1:high] 中继续搜索
        mid=(left+right)/2;
    }
    return -1;
}
```

3. 两种搜索方法比较

假设数组有 30 000 个学生记录,且按学号升序排列,给定一个学生学号作为关键值。

顺序搜索从数组首元素开始逐个与关键值比较,每次比较失败之后,搜索范围仅仅减少一个记录。因此平均搜索长度是数组长度的一半,即大约需要比较 15 000 条记录。如果比较每一条记录需要用时 10 ms,那么平均搜索时间是 150 s。这么长时间是不可容忍的。

二分搜索从中间元素开始比较,每次比较失败之后,搜索范围至少减少一半。因此最多比较 15 次就可以找到要寻找的记录。寻找一个记录最多需要 0.15 s。这意味着,寻找任何记录都可以瞬间完成。

3.5.4　平均值

函数设计：计算一个实型数组的平均值，并返回这个值。

函数头设计：将函数命名为 Average，表示平均值。将形参列表设为(const double* p, int n)，表示对实型数组 p[0:n)求平均值，其中形参 p 为指向 const 型对象的指针，表示该函数只是读取。将返回值设为双浮点实型，表示平均值是实数。于是得到函数头：

```
double Average(const double* p,int n)
```

函数体设计：只需要在求和函数 Sum()的基础上稍加改进即可。主要是改类型和返回值，如下面的粗体部分所示。

```
double Average(const double* p,int n)
{
    int i;                          //索引
    double s=0;                     //累加器
    for(i=0;i<n;++i)                //对数组元素累加
        s+=p[i];
    return s/n;                     //返回平均值
}
```

程序 3.12　数组元素求平均值。

```
#include<stdio.h>
double Average(const double* p,int n);
int main()
{
//变量
    double a[10];
    int i;                          //索引
    double item;                    //存储输入和结果
//输入
    printf("Enter 10 real numbers:\n");
    for(i=0;i<10;i++)
    {
        scanf("%Lf",&item);
        a[i]=item;
    }
//处理
    item=Average(a,10);
```

```
//输出
    printf("%Lf\n",item);

    return 0;
}
double Average(const double* p,int n)
{//返回 p[0:n)的平均值
    int i;                          //索引
    double s=0;                     //累加器
    for(i=0;i<n;++i)                //对数组元素累加
        s+=p[i];
    return s/n;                     //返回平均值
}
```

程序运行结果(粗体表示输入):

```
Enter 10 real numbers:
1 2 3 4 5 6 7 8 9 10[Enter]
5.500000
```

程序分析:

函数 Average( )的返回值是 s/n,其中 s 是双浮点实型,n 是普通整型,除运算按实型除运算进行。不同类型的数据进行同一种运算时需要类型转换,这方面的知识请看下一节。

3.6 类型转换

数据可以实施什么样的操作是由类型规定的,例如整数可以求余(%),而实数不可以;即使是同一个操作,数据的类型不同,操作也不同,例如,整数相除是整除,而实数相除要保留小数。

但是不同类型的数据进行同一种运算或操作是常有的事。例如,9.89/2,函数 Average 的返回表达式 s/n(其中被除数是实型,除数是整型),数组给指针赋值。这时的运算或操作应该按什么类型的规定进行呢?

遇到这种情况,不同类型的数据要转换到同一种类型进行运算或操作,后者称为**目标(转换)类型**。转换遵循的规则是,“小类型”提升为“大类型”,以防止数据截断(truncation),损失精度。C 语言基本类型的转换标准为,整型转换为浮点型,短存储型转换为长存储型。例如:9.89/2 和 s/n 都是将除数转换为浮点型之后计算。计算过程以 s/n 为例来说明,首先将 n 的值取出,转换为双浮点型存储到一个隐式对象中,再将 s 的值和隐式对象中的值取出来按实型计算,计算结果存储到另一个隐式对象。在这个过程中,s 和 n 的类型和值都没有变。

在赋值表达式中，目标类型是左元类型，因此，左元类型不能“小于”右元类型，这个规定称为**赋值兼容性**。

```
double x=100;                    //转换正确
int n=3.14;                      //错!
```

数组赋值给指针，是赋值兼容性的典型。“小”意味着一种约束，一种限制。整型之所以比实型小，是因为整型存储格式的限制，使它所存储的数值范围比实型的小。数组类型之所以比指针类型小，是因为数组类型的限制，使数组名本身所表示的是整个数组空间，而要表示数组元素只能依赖指针类型，将数组名转换为指向数组首元素的指针常量。

以上的类型转换是自动隐式转换。这种转换对系统有依赖性，容易出错。还有一种转换是显式转换（explicit type conversion），也称强制类型转换（cast），主动权在程序员手中。格式如下：

（类型）转换对象

应用举例：

```
int n=(int)3.14;                 //n 的值是 3
double x=(double)3/4;            //x 的值是 0.75
```

3.7 动态空间

指针的主要用途有三，其中之一是动态空间。

3.7.1 动态数组

目前的数组是在定义时确定长度的，而且长度只能在定义时由常量表达式确定，这样的数组称为**静态数组**。例如：

```
double a[10];
```

但是有时，数组只有在需要的时候即运行阶段才知道长度，而且这个长度一般来自一个变量的值。例如：

```
printf("Enter the length of array:\n");     //输入提示，请输入数组长度
scanf("%d",&max);                            //把数组长度存入 max
```

在程序运行阶段根据需要来创建数组，这样的数组称为动态数组。创建动态数组需要调用内存分配函数 malloc( )。例如，创建一个双浮点型动态数组，数组长度是变量 max 的值，调用格式如下：

```
double* a;                                   //双浮点型指针
a=(double*)malloc(max*sizeof(double));       //调用 malloc( )
```

其中，sizeof 是操作符，操作数是对象或类型，功能是计算该类型对象的字节数。

sizeof(double)的值是一个双浮点型对象的字节数，再乘以max，就是双浮点型数组空间的字节数。函数malloc()的返回值是空间首字节地址，但是类型为void*，原因在于它不知道程序员要在分配的空间中存储什么类型的数据。指明类型是程序员的责任，具体方法是用强制类型转换将其转换为需要的类型，这里是双浮点型。于是得到双浮点型数组a[0:max-1]。

如果动态空间分配没有成功，malloc()返回值是空指针NULL(符号常量，表示指针0值)，它不指向任何对象。分配失败的原因一般是没有足够的空间。这时，需要给出提示，并停止程序运行，如下所示：

```
if(a==0)
{
    printf("allocation failure!");      //动态空间分配失败
    exit(1);                            //停止程序
}
```

创建动态数组，还有一个函数calloc()，它的声明格式如下：

```
void* calloc(unsigned int,unsigned int);
```

第一个形参表示对象个数，第二个形参表示一个对象的字节数。例如：

```
a=(double*)calloc(max,sizeof(double));
```

它的特点是，创建动态数组的同时给数组元素赋初值0。

当动态空间使用完毕，要调用函数free()来撤销该空间，以便系统另作他用。调用格式如下：

```
free(a);
```

malloc()、calloc()和free()都是标准库函数，库文件为stdlib.h。

修改程序3.12，把双浮点型数组改为动态数组，数组长度由输入决定。

程序3.13 应用动态数组计算平均值。

```
#include<stdio.h>
#include<stdlib.h>          //malloc()、free()
double Average(const double* p,int n);
int main()
{
//变量
    double* a;              //双浮点型指针
    int max;                //表示数组长度
    int i;                  //索引
    double item;            //存储输入和结果
//输入数组长度和创建动态数组
    printf("Enter the length of array:\n");//输入数组长度
    scanf("%d",&max);
```

```
    a=(double*)malloc(max*sizeof(double));
    if(a==0)
    {
        printf("allocation failure!");
        exit(1);
    }
//输入数据元素
    printf("Enter %d real numbers:\n",max);
    for(i=0;i<max;i++)                    //输入数据用空格或换行符来分隔
    {
        scanf("%Lf",&item);
        a[i]=item;
    }
//处理
    item=Average(a,max);
//输出
    printf("%Lf\n",item);

    free(a);

    return 0;
}
double Average(const double* p,int n)  //返回p[0:n-1]的平均值
{
    int i;                              //表示数组索引
    double s=0;                         //累加器
    for(i=0;i<n;++i)                    //对数组元素累加
        s+=p[i];
    return s/n;
}
```

程序运行结果(粗体表示输入):

```
Enter the length of array:
5[Enter]
Enter 5 real numbers:
1 3 5 7 9[Enter]
5.000000
```

程序分析：

（1）在输入部分，输入提示中的个数不是10个，而是max的值。计数控制循环for语句的上界也不是10，而是max的值。

（2）在处理部分，调用函数的第二个实参，不是10，而是max。

（3）最少可以创建一个双浮点型对象。例如：

```
double* p=(double*)malloc(sizeof(double));    //创建一个双浮点型对象
```

这种对象没有名称，需要用指针表达式或索引表达式来表示，例如：

```
*p=3.14159;
```

或者

```
p[0]=3.14159;
```

一个对象等价于一个长度为1的数组。

3.7.2 动态分配函数与对象

在C语言中，数据内存区域都是与数据类型相关联的，这种内存区域称为对象。动态分配函数生动诠释了这个概念。

动态空间分配函数malloc( )的声明格式如下：

```
void* malloc(unsigned int);
```

其中，标识符unsigned int代表无符号整型，这种类型的对象不能是负数。形参的值表示字节数。返回值是空间首字节地址，返回值类型void*表示通用指针或泛指针，也就是说，返回的地址只能赋给这种指针。所谓**通用指针**是指这种指针所指向的空间不属于任何数据类型。例如：

```
void* p=malloc(4);          //p是通用指针
```

系统分配了4个字节的空间，虽然正好是一个单浮点型对象或一个整型对象的大小，却不能把这个空间当作单浮点型对象或整型对象。例如：

```
*p=3.14159F;                //非法。不能当作单浮点型对象
```

或

```
*p=314;                     //非法。不能当作整型对象
```

要把这段空间作为单浮点型对象或整型对象，就需要将首字节地址强制转换为单浮点型对象地址或整型对象地址，然后赋给相应类型指针。例如：

```
float* p=(float*)malloc(4);
*p=3.14159F;                //或p[0]=3.14159F;，给指针p指向的对象赋值
```

或

```
int* p=(int*)malloc(4);
*p=314;                     //或p[0]=314;，给指针p指向的对象赋值
```

更严格的写法应该用操作符sizeof来计算类型的大小，因为类型大小可能因系统而异，即

```
float* p=(float*)malloc(sizeof(float));
```

或

```
int* p=(int*)malloc(sizeof(int));
```

3.7.3 最近平均值

函数设计：查找数组中与数组的平均值相差最小的元素。

函数头设计：将函数命名为 IndexOfDV，表示与平均值的差值最小的元素索引，其中 DV 是 difference value 的缩写。将形参列表设为(const double* p, int n)，表示处理对象是数组 p[0:n)，其中形参 p 为指向 const 型对象的指针，表示函数是只读的。将返回值类型设为整型，因为返回值是索引，索引是整数。于是得到函数头：

```
int IndexOfDV(const double* p,int n)
```

函数体设计——步骤如下。

(1) 创建动态数组。

(2) 求数组 p 的平均值。

(3) 将数组 p 的每一个元素的值减去平均值，并取绝对值后存入动态数组。

(4) 调用 IndexOfMin()，返回动态数组中最小元素索引。

```
int IndexOfDV(const double* p,int n)
{
    double *dv;                              //difference value
    int i;                                   //索引
    double av;                               //平均数

    dv=(double*)malloc(n*sizeof(double));    //步骤(1)
    if(dv==0)
    {
        printf("allocation failure!");
        exit(1);
    }

    av=Average(p,n);                         //步骤(2)

    for(i=0;i<n;++i)                         //步骤(3)
        dv[i]=fabs(p[i]-av);                 //fabs()是求绝对值函数
    i=IndexOfMin(dv,n);                      //步骤(4)
```

```
    free(dv);

    return i;
}
```

其中，fabs( )是标准库函数，用于求绝对值，所属库文件是 math.h。IndexOfMin( )返回最小元素索引，在 IndexOfMax( )基础上稍加改进即可。

程序 3.14 查找数组中与数组的平均值相差最小的元素。

```
#include<stdio.h>
#include<stdlib.h>                          //malloc( )、free( )
#include<math.h>                            //fabs( )

double Average(const double* p,int n);
int IndexOfMin(const double* p,int n);
int IndexOfDV(const double* p,int n);

int main( )
{
//变量
   double a[10];                            //双浮点数组
   int i;                                   //索引
   double item;                             //存储输入

//输入
   printf("Enter 10 real numbers:\n");
   for(i=0;i<10;i++)                        //输入数据用空格或换行符来分隔
   {
        scanf("%Lf",&item);
        a[i]=item;
   }
//处理
   i=IndexOfDV(a,10);
//输出
   printf("%d\n",i);

   return 0;
}
```

```
double Average(const double* p,int n)      //返回p[0:n)的平均值
{
    int i;                                 //索引
    double s=0;                            //累加器
    for(i=0;i<n;++i)                       //对数组元素累加
        s=s+p[i];
    return s/n;
}

int IndexOfDV(const double* p,int n)
{
    //代码见上
}

int IndexOfMin(const double* p,int n)  //返回p[0:n)中最小数据元素的索引
{
    int i;                                 //数组索引
    int min=0;                             //最小数据元素索引

    for(i=1;i<n;++i)                       //在索引区间 [1:n)搜索
        if(p[min]>=p[i])
            min=i;
    return min;
}
```

3.8 指针与索引

指针和数组等价,但不是相等。如果一个指针指向一个数组的首元素,那么它们所对应的指针表达式和索引表达式是等价的。例如:

```
int a[5];                    //整型数组 a
int*p=a; //int*p=&a[0];整型指针 p 存储了数组 a 的首元素地址
```

这时,p+i 与 a+i 等价(0 ≤ i<5),它们都是指向第 i 个数组元素的指针。p[i]与 a[i]等价,或 *(p+i)与 *(a+i)等价(0 ≤ i<5),它们都表示第 i 个数组元素。其中 i 表示索引,在这些表达式中,索引 i 的值在变,而 a 和 p 的值没有变。

但是 p 是指针变量,其值可以变。例如,对 p 可以实施自增自减操作。以自增操作为例:

假设 p 初始时指向数组 a 的首元素 a[0],一次自增操作(++p 或 p++)之后,p 指向 a[1],第二次自增操作之后,p 指向 a[2]。依此类推。再以自减操作为例:假设 p 初始时指向数组 a 的尾元素 a[4],一次自减(--p 或 p--)之后,p 指向 a[3],第二次自减运算之后,p 指向 a[2]。依此类推。

处理数组,既可以采用索引操作,也可以采用指针操作。以数组输出为例,如表 3–1 所示。不过,索引只适用于线性连续存储模式,指针可推广到其他模式。

表 3–1 索引和指针对比

程序 3.15 用索引方法输出数组(图 3–5(a))

```
#include<stdio.h>
void OutputArrayByIndex(int* p,int n)
{
        int i;
        for(i=0;i<n;++i)
              printf("%d\t",p[i]);
        printf("\n");
}

int main()
{
        int a[5]={5,10,15,20,25};
        OutputArrayByIndex(a,5);
        return 0;
}
```

程序 3.16 用指针方法输出数组(图 3–5(b))

```
#include<stdio.h>
void OutputArrayByPointer(int* p,int n)
{
         int* first=p;
         int* last=p+n;
         for( ;first!=last;++first)
                    printf("%d\t",*first);
      printf("\n");
}
int main()
{
         int a[5]={5,10,15,20,25};
         OutputArrayByPointer(a,5);
         return 0;
}
```

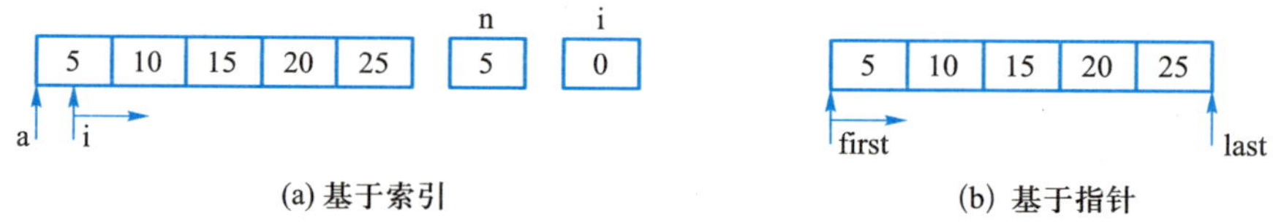

(a) 基于索引 (b) 基于指针

图 3–5 索引和指针对比

表 3–1 的分析:

在索引方法中,索引 i 的取值范围是索引区间[0:n),n 的值是 5,是索引上界。在指针方法中,指针 first 的取值范围是[first:last),first 指向数组首元素,last 是指针上界。

程序 3.17 应用指针方法求数组平均值(对比程序 3.13)。

```
#include<stdio.h>
double Average(const double* p,int n);
int main()
{
//变量
```

```
    double a[10];
    int i;                              // 索引
    double item;                        // 存储输入和结果
// 输入
    printf("Enter 10 real numbers:\n");
    for(i=0;i<10;i++)
    {
        scanf("%Lf",&item);
        a[i]=item;
    }
// 处理
    item=Average(a,10);
// 输出
    printf("%Lf\n",item);

    return 0;
}

double Average(const double* p,int n)
{
    const double* first=p;
    const double* last=p+n;
    double s=0;                         // 累加器
    for( ;first!=last;++first)          // 对数组元素累加
        s+=*first;
    return s/n;                         // 返回平均值
}
```

3.9 函数指针

指针不仅可以指向数据对象,也可以指向函数。函数指针声明格式如下:

类型值(* 函数指针名)(形参列表);

其中,类型是函数返回值类型,形参列表是函数的形参列表。

在声明函数指针时,函数指针名两边的括号非常重要。是否有括号,意思完全不同。例如:

```
int (*fp)(int*,int);               //fp 是函数指针
```

```
int* fp (int*,int);                   //fp 是函数名,返回值类型是整型指针
```

以选择排序的程序为例:

```
int IndexOfMax(int*,int);            // 函数声明
void Selection(int*,int);            // 函数声明
int (*pOfIndex)(int*,int);           // 函数指针
void (*pOfSel)(int*,int);            // 函数指针
pOfIndex=IndexOfMax;                 // 指向函数 IndexOfMax()
pOfSel=Selection;                    // 指向函数 Selection()
```

或者函数指针初始化:

```
int (*pOfIndex)(int*,int)=IndexOfMax;
void (*pOfSel)(int*,int)=Selection;
```

函数指针指向一个特定函数之后,便与该函数名等价。例如:pOfSel(a,10)与 Selection(a,10)等价,pOfIndex(a,10)与 IndexOfMax(a,10)等价。

在 C 语言中,函数指针的赋值和引用方式可以类似数据指针的赋值和引用形式:

```
pOfIndex=&IndexOfMax;                // 指向函数 IndexOfMax()
pOfSel=&Selection;                   // 指向函数 Selection()
```

这时(*pOfIndex)与 IndexOfMax()等价,(*pOfSel)与 Selection()等价。例如:(*pofIndex)(a,10)与 IndexOfMax(a,10)等价。

一、简要回答以下问题。

1. 指针和地址是什么关系?
2. 为什么说指针是复合类型?
3. 所谓一个指针指向一个对象是什么意思?
4. 何谓间接访问?
5. 何谓值传递? 何谓地址传递?
6. 地址传递和值传递有什么本质区别?
7. 什么是指向 const 型对象的指针? 什么是 const 型指针?
8. 为什么指向 const 型对象的指针只能传值给指向 const 型对象的指针?
9. 何谓线性表?
10. 何谓数组?
11. 什么是线性表和数组的关系?
12. 何谓线性连续存储模式?
13. 数组元素和数据元素有什么区别和联系?

14. 长度为 5 的数组 a,其元素的地址表达式和索引表达式各是什么?
15. 长度为 20 的数组 a,有几种简单的表示方法?
16. 地址算数运算和数组有什么关系?
17. 为什么说数组是复合类型?
18. 为什么说指针和数组密切相关?
19. 举例说明,何谓越界错误? 何谓偏移错误?
20. 为什么在应用 malloc 函数时要对返回值类型实施强制类型转换?
21. 举例说明什么是逗号表达式。
22. 举例比较顺序搜索和二分搜索的效率。
23. 在求数组最大元素的函数 IndexOfMax 中,if 子句的表达式 p[max]<p[i]和 p[max]<=p[i]各自对结果有什么意义?

二、下面哪一组赋值语句是正确的?

1.
```
int n;
int* p=&n;
```
2.
```
const int n;
int* p=&n;
```
3.
```
int n;
const int* p=&n;
```
4.
```
const int n;
const int* p=&n;
```
5.
```
int n;
const int* p=&n;
const int* q=p;
```
6.
```
int n;
const int* p=&n;
int* q=p;
```
7.
```
int n;
int* p=&n;
const int* q=p;
```
8.
```
int n;
int* p=&n;
int* q=p;
```
9.
```
int n;
const int* p;
p=&n;
```

三、已知 i 和 j 的值分别是 5 和 6，分别计算，在下面的表达式语句执行之后，i、j、x、k 的值。

1. x=i++;
2. x=++j;
3. x=i--;
4. x=--j;
5. k=(i++)+(++j);
6. k=(i--)+(--j);

四、已知 x、y 和 z 的值分别是 5、6 和 7，在下面的表达式语句执行之后，x 的值是多少？

1. x+=y;
2. x-=y;
3. x*=y;
4. x/=y;
5. x%=y+z;

五、编写程序。

1. 在选择排序中，调用 SwapByAddress( )实现两个元素的交换。

2. 求数组最小数据元素。函数头如下：

```
int IndexOfMin(int* p,int n)
```

3. 利用函数 IndexOfMin( )，编写选择排序函数。

4. 向上起泡排序：将数组 p[0:n)分为左右两个半区 p[0:0)和 p[0:n)，左半区为有序子集，开始时为空，右半区为无序子集。遍历无序子集：从尾元素开始，两两相邻元素比较，如果是逆序，就交换。每遍历一次，称为一次起泡，起泡之后，最小元素都成为该子集的首元素。然后将该元素归入有序子集。重复起泡，直到无序子集只有一个元素为止。函数头如下：

```
void BubbleUp(int* p,int n)
```

5. 向下起泡排序：将数组 p[0:n)分为左右两个半区 p[0:n)和 p[n:n)，右半区为有序子集，开始时为空，左半区为无序子集。遍历无序子集：从首元素开始，两两相邻元素比较，若逆序，则交换。每遍历一次，称为一次起泡。起泡之后，最大元素都成为该子集的尾元素。然后将该元素归入有序子集。重复起泡，直到无序子集只有一个元素为止。函数头如下：

```
void BubbleDown(int* p,int n)
```

6. 双向起泡排序：交替调用函数 BubbleUp( )和 BubbleDown( )。函数头如下：

```
void UpDown(int* p,int n)
```

7. 数组元素划分：以数组有元素为支点，将数组的数据元素分为左右两个子集，左子集的元素都不大于支点，右子集的元素都不小于支点。函数头如下：

```
void Partition(int* p,int n)
```

8. 筛法求质数。对输入的任何一个正整数 n，利用筛法求 1~n 之间的质数，然后输出。基本思想：将 1~n 等价于数组的索引。数组相当于"筛子"，数组元素是"筛眼"，数组元素的值为

0 表示“通”,1 表示“不通”。数组元素为“通”时,所对应的索引是质数。步骤如下。

（1）创建长度为 $n+1$ 的动态数组,数组元素的初值为 0。

（2）令索引为 0 和 1 的数组元素值为 1,表示 0 和 1 不是质数。

（3）从 2 到 n 计数循环:第一次迭代,搜索其值为 0 的数组元素,因为它的索引是质数。结果是 2,它是最小质数。然后将大于 2,其索引为 2 的倍数的数组元素赋值 1,表示该索引不是质数。第二次迭代,结果是 3,它是质数。然后将大于 3,其索引为 3 的倍数的数组元素赋值 1,表示该索引不是质数。以此类推。

（4）按行输出所有质数,一行 5 个。

9. 将求最大元素函数和选择排序函数都改为指针方法,并用函数指针调用。

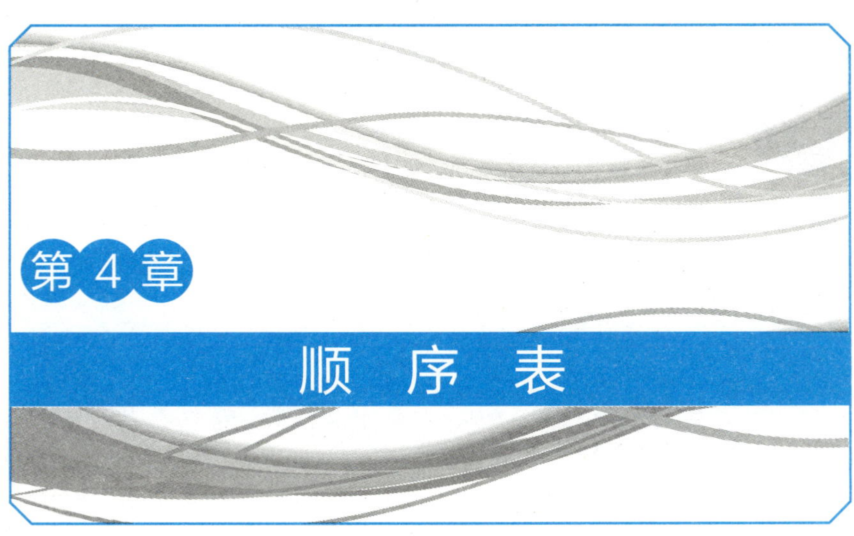

第4章 顺序表

数组的缺点是缺少基本函数。

顺序表是带有基本函数的数组。

对一个整数按位求和时，使用了整型所具有的基本操作：整除(/)和求余(%)。但是对整型数组求和时，因为数组缺少基本操作，所以设计出来的程序隐含不少问题。本章的学习就从这个程序开始，发现问题，解决问题。

4.1 数组求和分析

下面是数组求和程序。

```
#include<stdio.h>
int main( )
{
//变量
    int data[5];
    int i;                    //数组索引
    int s=0;                  //累加器
    int item;                 //存储输入
//输入
    printf("Enter 5 integers:\n");
    for(i=0;i<5;i++)          //输入的数据用空格或换行符来分隔
    {
        scanf("%d",&item);
        data[i]=item;
    }
//处理
    for(i=0;i<5;i++)
        s+=data[i];
//输出
    printf("%d\n",s);

    return 0;
}
```

程序运行结果(粗体表示输入):

```
Enter 5 integers:
1  2  3  4  5[Enter]
15
```

程序分析:

根据定义,数组 data 的长度是 5,最多可以存储 5 个数据元素。在输入部分,计数控制循环指定了数据元素个数,正好和数组长度相等。其实,输入数据时,有时难以确定输入多少,以带有前哨的输入为例,最多输入 5 个整数,输入 0 时结束。这时,数组长度和数据元素个数很可能是不等的，如果还是按照数组长度累加，结果可能是错误的。

为解决这个问题，首先将数组容量和数据元素个数分开，分别用两个整型量来表示，例如，用 max 表示数组容量，size 表示数据元素个数。max 的初值是数组长度 5，size 的初值是 0；每插入一个数据元素，size 的值增 1。输入完毕，对数组 data[0: size）累加。

程序 4.1 用变量分别记录数组长度和数据个数。

```
#include<stdio.h>
int main()
{
// 变量
    int data[5];
    int max=5;                  // 数组容量
    int size=0;                 // 数据个数

    int i=0;                    // 索引
    int s=0;                    // 累加器
    int item;                   // 存储输入
// 带有前哨的输入
    printf("Enter integers(up to %d and 0 to end):\n",max);
    scanf("%d",&item);
    while(item!=0 && size<max)  //0 是前哨
    {
        data[i]=item;
        i++;
        size++;
        scanf("%d",&item);
    }
// 处理
    for(i=0;i<size;i++)
        s+=data[i];
// 输出
    printf("%d\n",s);

    return 0;
}
```

程序运行结果（粗体表示输入）：

```
Enter integers(up to 5 and 0 to end):
```

```
1 3 5 7 0[Enter]
16
```

程序分析：

（1）在输入部分，i 和 size 的值始终相等，可以统一用 size。

```
while(item!=0)              //0 是前哨
{
    data[size]=item;
    size++;
    scanf("%d",&item);
}
```

（2）现在的问题是，对输入的个数还是有限制的，因为使用的是静态数组。要去掉这个限制，首先需要引入动态数组。

4.2 动态数组应用

程序 4.2 对动态数组的数据求和。

```
#include<stdio.h>
#include<stdlib.h>//malloc()、free()
int main()
{
//变量
    int* data;                  //整型指针，用来指向动态数组
    int max;                    //记录数组长度
    int size;                   //记录数组的数据个数
    int i;                      //数组索引
    int s=0;                    //累加器
    int item;                   //存储输入
//动态数组申请
    data=(int*)malloc(5*sizeof(int));
    if(data==0)
    {
        printf("allocation failure!\n");
        exit(0);
    }
    max=5;
```

```
    size=0;
//带有前哨的输入
    printf("Enter integers(up to %d and 0 to end):\n",max);
    scanf("%d",&item);
    while(item!=0 && size<max) //0 是前哨
    {
        data[size]=item;
        size++;
        scanf("%d",&item);
    }
//处理
    for(i=0;i<size;i++)
        s+=data[i];
//输出
    printf("%d\n",s);
//动态数组释放
    free(data);
//返回
    return 0;
}
```

程序运行结果(粗体表示输入):

```
Enter integers(up to 5 and 0 to end):
1 3 5 7 9 0[Enter]
25
```

程序分析:

要去掉输入个数的限制,仅仅引入动态数组还不够,还需要其他机制来辅助。下面逐步引入这些机制。

4.3 结构初步

动态数组的指针、数组长度和数据元素个数是数组的状态信息,这些信息分别用变量 data、max 和 size 表示。在处理数组时,经常需要访问这些信息。例如:插入一个数据元素,size 的值增 1;删除一个数据元素,size 的值要减 1;扩大数组空间时,data 和 max 的值都要改写。但是这些变量目前是分置的,很容易误操作。为了避免这类错误,首先将它们封装为一个整体。

把一组相互关联的变量封装在一起的机制称为**结构**。结构是程序员定义的一种复合类型，结构的定义格式如下：

```
struct 结构名
{                              //结构体始点
      结构成员声明列表
};                             //结构体终点
```

其中 struct 是关键字，结构名是程序员根据命名规则指定的，每一个结构成员都有类型和名称。例如：

```
struct SeqList                 //结构 SeqList
{
    int* data;
    int max;
    int size;
};
```

定义了结构 SeqList 之后，就可以定义结构变量，例如：

```
struct SeqList L;              //定义结构类型变量 L
```

与基本类型变量的定义不同，结构变量的定义不仅需要结构名，还需要关键字 struct。结构变量 L 如图 4–1 所示。

L	data	
	max	
	size	

图 4–1 结构变量 L 示意图

对结构成员的引用有两种方法：一是结构对象加成员引用符，二是结构指针加箭头操作符，即

结构对象 . 结构成员

结构指针 -> 结构成员

举例说明，如有

```
struct SeqList L;              //结构对象 L
struct SeqList *l=&L;          //结构指针 l，指向结构对象 L
```

则有结构成员表示如下：

```
L.data,L.size,L.max
l->data,l->max,l->size
```

箭头操作符表达式实际上是下面一种表达式的形象化和简化：

```
(*l).data,(*l).max,(*l).size
```

4.4 typedef 名字

在结构 SeqList 中，成员 data 是整型数组指针。如果程序要处理实型数组、字符型数组或其他类型的数组，就要修改 data 的类型。如何修改呢？既然 data 已经封装在结构中，要修改，就应该从结构外部进行修改。这就需要引入 typedef 语句，它的功能是给一个实际存在的类型

指定一个别名,这个别名称为 typedef 名字。语句格式如下:

```
typedef 实存类型 类型别名;
```

下面应用这条语句:把结构成员 data 定义为 Type 类型,Type 是程序员命名的一个抽象类型,实际上并不存在,但可以作为别名,即 typedef 名字,而与实际应用类型等价起来。例如:

```
typedef int Type;            //将 Type 与 int 等价
struct SeqList
{
    Type* data;              //将指针 data 类型定义为 Type
    int max;
    int size;
};
```

如果是双浮点型数组,只需修改 typedef 语句即可,如下所示:

```
typedef double Type;         //将 Type 与 double 等价
```

typedef 名字还可以用来去掉结构变量定义中的关键字,将 SeqList 作为别名,等价于 struct SeqList:

```
typedef struct SeqList SeqList;
```

或者

```
typedef struct
{
    Type* data;
    int max;
    int size;
} SeqList;
```

这样一来,结构变量定义就简化为

```
SeqList L;
```

程序 4.3 应用顺序表。

```
#include<stdio.h>
#include<stdlib.h>          //malloc( )、free( )、exit( )

typedef int Type;            //将 Type 与 int 等价
struct SeqList               //顺序表结构
{
    Type* data;
    int max;
    int size;
};
```

```
typedef struct SeqList SeqList;
int main( )
{
//变量
    SeqList L;                                  //结构 SeqList 变量 L
    int i;                                      //数组索引
    int s=0;                                    //用于累加器
    int item;                                   //存储输入
//动态数组申请
    L.data=(int*)malloc(5*sizeof(int));
    if(L.data==0)
    {
         printf("allocation failure!\n");
         exit(0);
   }
   L.max=5;                                     //数组长度为 10
   L.size=0;                                    //数组的数据个数是 0
//带有前哨 0 的输入
    printf("Enter integers(up to %d and 0 to end):\n",L.max);
    scanf("%d",&item);
    while(item!=0 && L.size<L.max)    //0 是前哨
    {
        L.data[L.size]=item;
        L.size++;
        scanf("%d",&item);
    }
//求和
    for(i=0;i<L.size;i++) //求和
         s+=L.data[i];
//输出
    printf("%d\n",s);
//动态数组释放
    free(L.data);

    return 0;
}
```

4.5 准构造和准析构

数组的状态信息分别用变量 data、max 和 size 表示，现在把它们封装起来，形成结构 SeqList。下面将对状态信息的各种处理按功能封装，形成基本函数，就像基本类型的基本操作一样。

在程序 4.3 中，动态数组申请部分是如下一组语句：

```
L.data=(int*)malloc(5*sizeof(int));
if(L.data==0)
{
    printf("allocation failure!\n");
    exit(0);
}
L.max=5;                              //数组长度为 5
L.size=0;                             //数据个数是 0
```

把这组语句封装为基本函数 InitSeqList( )，称为**准构造函数**，其定义如下：

```
void InitSeqList(SeqList* l,int n)    //准构造
{
    l->data=(Type*)malloc(n*sizeof(Type));
    if(l->data==0)
    {
        printf("allocation failure!\n");
        exit(0);
    }
    l->max=n;
    l->size=0;
    return;
}
```

在程序的动态数组申请部分调用这个函数：

```
InitSeqList(&L,10);          //如图 4-2 所示
```

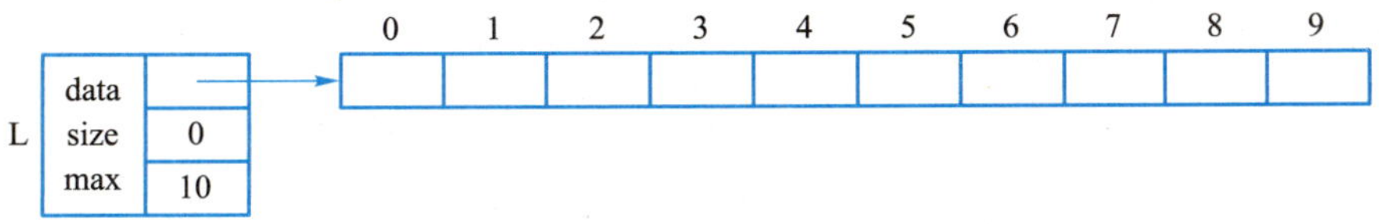

图 4-2　语句 InitSeqList(&L, 10)示意图

动态数组释放部分是如下语句：

```
free(L.data);
```

将它封装为基本函数 FreeSeqList( ),称为**准析构函数**。其定义如下：

```
void FreeSeqList(SeqList* l)    //准析构
{
    free(l->data);
}
```

在程序的动态数组释放部分调用这个函数：

```
  FreeSeqList(&L);              //如图 4-3 所示
```

L	data	
	max	
	size	

图 4-3 语句 FreeSeqList(&L)示意图

把结构 SeqList 的定义,函数 InitSeqList( )和 FreeSeqList( )的声明和定义,一起封装在工程目录下的头文件 seqlist.h 中,如下所示：

```
//seqlist.h
#ifndef SEQLIST_H                          //条件编译(参见附录 C)
#define SEQLIST_H

#include<stdio.h>                          //printf( )
#include<stdlib.h>                         //malloc( )、free( )、exit( )
struct SeqList                             //结构 SeqList
{
    Type* data;
    int max;
    int size;
};
   typedef struct SeqList SeqList;
//基本函数声明
   void InitSeqList(SeqList* l,int n);  //准构造
   void FreeSeqList(SeqList*l);         //准析构
//基本函数实现
   void InitSeqList(SeqList* l,int n) //准构造
   {
      l->data=(Type*)malloc(n*sizeof(Type));
      if(l->data==0)
      {
          printf("allocation failure!\n");
          exit(0);
```

```
        }
        l->max=n;
        l->size=0;
        return;
}
void FreeSeqList(SeqList*l)           //准析构
{
        free(l->data);
}
#endif
```

在主函数文件中包含这个文件,并将 Type 实例化:

```
typedef int Type;
#include"seqlist.h"
```

其中,双引号表示该文件在当前工程的目录下。

程序 4.4 应用准构造函数和准析构函数。

```
#include<stdio.h>
typedef int Type;                     //将 Type 实例化为 int
#include"seqlist.h"

int main()
{
//变量
    SeqList L;                        //结构变量 L
    int i=0;                          //数组索引
    int s=0;                          //累加器
    int item;                         //存储输入
//建空表
    InitSeqList(&L,10);               //调用准构造
//带有前哨 0 的输入
    printf("Enter integers(up to %d and 0 to end):\n",L.max);
    scanf("%d",&item);
    while(item!=0 && L.size<L.max)    //0 是前哨
    {
        L.data[L.size]=item;
        L.size++;
        scanf("%d",&item);
```

```
    }
//求和
    for(i=0;i<L.size;i++)                //求和
        s+=L.data[i];
//输出
    printf("%d\n",s);
//动态数组释放
    FreeSeqList(&L);                     //调用准析构
    return 0;
}
```

4.6 尾插

在程序 4.4 中,输入部分是如下一组语句:

```
L.data[L.size]=item;                     //把数据插入数组的数据尾部
L.size++;                                //数据个数增 1
```

现在将它们封装为一个基本函数 PushBack,称为**尾插**。

```
void PushBack(SeqList* l,Type item)  //尾插
{
    l->data[l->size]=item;           //在新数据空间中尾插
    l->size++;
}
```

但是,这个函数需要扩展:在插入前,如果数组空间已满,即数据个数等于数组长度,就要扩大数组长度。为此,可以专门设计一个用于扩展的函数。它的功能是,扩大数组空间,保留原始数据。

```
void Reserve(SeqList* l,int newmax)  //将数组长度扩大为 newmax
{
     int i;                              //索引
     Type* old;
     if(newmax<l->max)
          return;
     old=l->data;                        //指向数组首元素,以保留数据
     l->max=newmax;                      //数组长度扩大一倍
     l->data=(Type*)malloc(newmax*sizeof(Type));   //建新数组
     for(i=0;i<l->size;i++)              //将原始数据写入新数组空间
```

```
        l->data[i]=old[i];
    free(old);                          // 释放原数组空间
}
```

于是，尾插函数扩展如下：

```
void PushBack(SeqList* l,Type item)     // 尾插
{
    if(l->size==l->max)                 // 如果数据个数等于数组长度
        Reserve(l,2*l->max);            // 扩大数组长度
    l->data[l->size]=item;              // 在新数据空间中尾插
    l->size++;
}
```

把函数 Reserve( )和 PushBack( )的声明和定义加入头文件 seqlist.h。在程序的输入部分调用尾插函数 PushBack( )。

有了基本函数 Reserve，输入个数的上限就可以取消了。

程序 4.5 应用尾插函数。

```
#include<stdio.h>
typedef int Type;                       // 将 Type 实例化为 int
#include"seqlist.h"

int main()
{
// 变量
   SeqList L;                           // 结构体 SeqList 变量 L
   int i;                               // 数组索引
   int s=0;                             // 用于累加器
   int item;                            // 存储输入
// 建空表
   InitSeqList(&L,10);
// 带有前哨 0 的输入
   printf("Enter integers(0 to end):\n");
   scanf("%d",&item);
   while(item!=0)                       //0 是前哨
   {
       PushBack(&L,item);               // 调用尾插函数，如图 4-4 所示
       scanf("%d",&item);
   }
```

```
// 求和
    for(i=0;i<L.size;i++)                  // 求和
        s+=L.data[i];
// 输出
    printf("%d\n",s);
// 动态数组释放
    FreeSeqList(&L);

    return 0;
}
```

程序运行结果(粗体表示输入):

```
Enter integers(0 to end):
5  10  15  20  25  30  0[Enter]
105
```

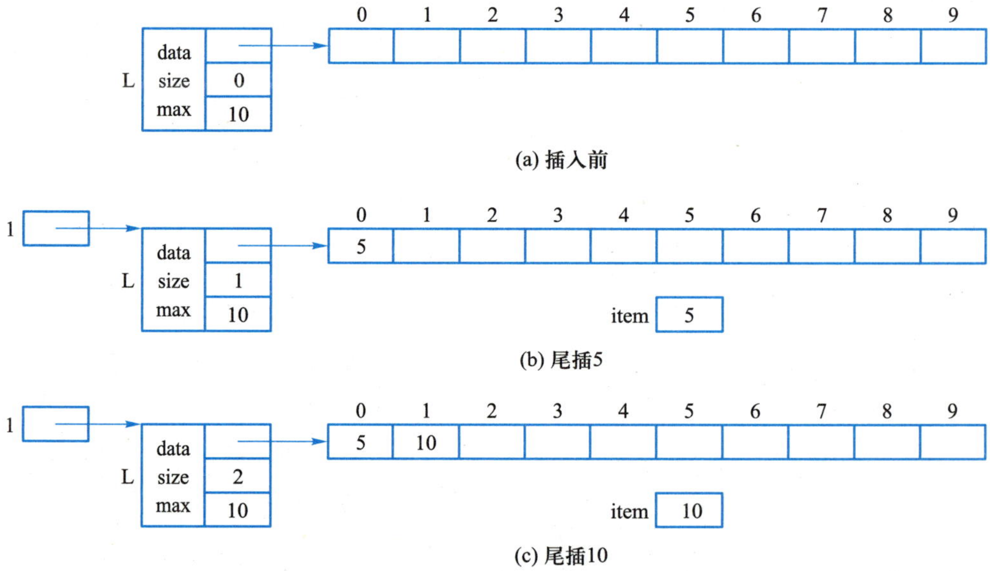

(a) 插入前

(b) 尾插5

(c) 尾插10

图 4-4 语句 PushBack(&L, item)示意图

4.7 读取

在程序 4.5 中,求和部分是 for 语句,如下所示:

```
for(i=0;i<L.size;i++)                  // 求和
    s+=L.data[i];
```

其中的表达式 L.size 和 L.data[i]，它们的功能都是读取结构成员，现在封装为基本函数 GetSize( )和 GetData( )。因为只是读取，不是改写，所以形参列表中的顺序表指针是 const 指针。

```
int GetSize(const SeqList* l)              //读取数据个数
{
    return l->size;
}
Type GetData(const SeqList* l,int id) //读取索引为 id 的数据
{
    return l->data[id];
}
```

把这两个函数的声明和定义加入头文件 seqlist.h。在程序的求和部分调用这两个函数。

程序 4.6 应用读取函数。

```
#include<stdio.h>
typedef int Type;                          //将 Type 实例化为 int
#include"seqlist.h"

int main()
{
//变量
   SeqList L;                              //结构体 SeqList 变量 L
   int i;                                  //数组索引
   int s=0;                                //用于累加器
   int item;                               //存储输入
//建空表
   InitSeqList(&L,10);
//带有前哨 0 的输入
   printf("Enter integers(0 to end):\n");
   scanf("%d",&item);
   while(item!=0)                          //0 是前哨
   {
       PushBack(&L,item);
       scanf("%d",&item);
   }
//求和
```

```
    for(i=0;i<GetSize(&L);i++)            //调用GetSize()
        s+=GetData(&L,i);                 //调用GetData()
//输出
    printf("%d\n",s);
//动态数组释放
    FreeSeqList(&L);

    return 0;
}
```

4.8 求和

接下来,将程序 4.6 中的求和部分封装为一个应用函数。

```
int SumOfSeqList(const SeqList* l)
{
    int i;
    int s=0;
    for(i=0;i<GetSize(l);i++)
        s+=GetData(l,i);
    return s;
}
```

然后在程序的求和部分调用这个函数。

程序 4.7 应用求和函数。

```
#include<stdio.h>
typedef int Type;                     //将Type实例化为int
#include"seqlist.h"
int SumOfSeqList(const SeqList* l);
int main()
{
//变量
    SeqList L;
    int s;                            //用于累加器
    int item;                         //存储输入
//动态数组申请
    InitSeqList(&L,10);
```

```
//带有前哨 0 的输入
    printf("Enter integers(0 to end):\n");
    scanf("%d",&item);
    while(item!=0)                  //0 是前哨
    {
        PushBack(&L,item);
        scanf("%d",&item);
    }
//求和
    s=SumOfSeqList(&L);             //调用求和函数
//输出
    printf("%d\n",s);
//动态数组释放
    FreeSeqList(&L);

    return 0;
}

int SumOfSeqList(const SeqList* l)
{
    int i;
    int s=0;
    for(i=0;i<GetSize(l);i++)
        s+=GetData(l,i);
    return s;
}
```

4.9 删除

基本函数设计：删除顺序表某一索引所对应的数据元素。

函数头设计：删除索引为 id 的数据元素。无显式的返回值。

```
void Erase(SeqList* l,int id)
```

函数体设计：首先将数据元素 data[id+1, size）移到 data[id, size-1），然后数据元素个数减 1。

```
void Erase(SeqList* l,int id)
```

```
{
    int i;
    for(i=id+1;i<l->size;i++)
        l->data[i-1]=l->data[i];
    l->size--;
}
```

应用示例如图 4-5 所示。

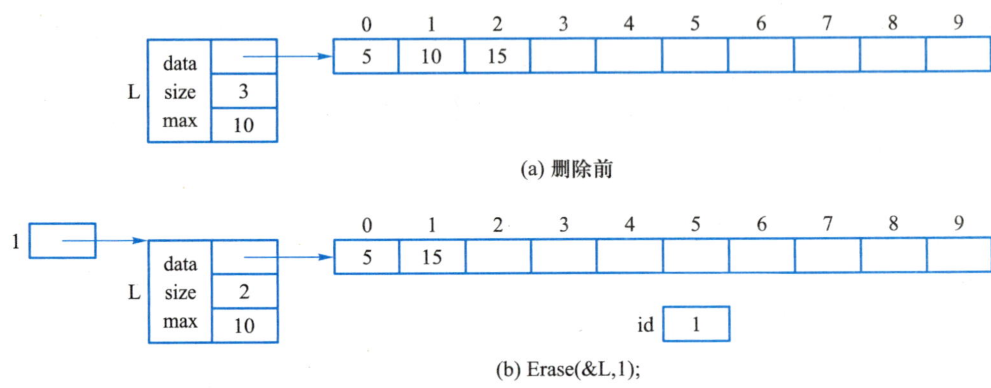

图 4-5 定点删除示意图

将 Erase 的声明和定义加入头文件 SeqList.h。

应用函数设计：删除顺序表的重复数据。

函数头设计：将函数命名为 Purge，表示删除重复数据。将形参列表设为(SeqList* l)，表示删除对象是指针 l 所指向的顺序表。将返回值类型设为 void，表示没有显式的返回值。于是得到函数头如下：

```
void Purge(SeqList* l)
```

函数体设计：使用嵌套循环。外层循环：在索引区间 [0:size)遍历，用 i 表示要保留的数据元素的索引。内层循环：对每一个 i，在索引区间 [i+1，size)遍历，用 j 表示要删除的数据元素索引；如果索引为 j 的数据元素与索引为 i 的数据元素相等，就删除前者。函数体如下所示：

```
void Purge(SeqList* l)
{
    int i;                            //要保留的数据元素的索引
    int j;                            //要删除的数据元素的索引

    for(i=0;i<GetSize(l);i++)         //要保留的元素
    {
        j=i+1;                        //要删除的元素
```

```
        while(j<GetSize(l))
            if(GetData(l,j)==GetData(l,i))
                Erase(l,j);
            else
                j++;
    }
}
```

程序 4.8 删除顺序表的重复数据。

```
#include<stdio.h>
typedef int Type;                    //将 Type 实例化为 int
#include"seqlist.h"

void Purge(SeqList* l);
void OutputOfSeqList(SeqList* l);

int main()
{
//变量
    SeqList L;
    int s=0;                         //用于累加器
    int item;                        //存储输入
//动态数组申请
    InitSeqList(&L,10);              //调用准构造函数
//输入
    printf("Enter integers(0 to end):\n");
    scanf("%d",&item);
    while(item!=0)                   //0 是前哨
    {
        PushBack(&L,item);           //调用尾插函数
        scanf("%d",&item);
    }
//求和
    Purge(&L);
//输出
    OutputOfSeqList(&L);
//动态数组释放
```

```
    FreeSeqList(&L);                    //调用准析构函数

    return 0;
}

void Purge(SeqList* l)
{
     //代码见上
}
void OutputOfSeqList(SeqList* l)
{
    int i;
    for(i=0;i<GetSize(l);i++)
         printf("%d\t",GetData(l,i));
    printf("\n");
}
```

4.10 基本函数补充

1. 定点插入

在索引 id 之处插入数据元素 item。

```
void Insert(SeqList* l,int id,Type item);
```

实现步骤如下。

（1）如果表满，就调用 Reserve( )函数扩大数组空间。

（2）将数据元素 data[id, size) 移到 data[id+1, size+1)。

（3）在索引 id 的位置上插入数据元素 item，然后数据元素个数加 1。

```
void Insert(SeqList* l,int id,Type item)
{
    int i;
    if(l->size==l->max)
         Reserve(l,2*l->max);
    for(i=l->size;i>id;i--)
         l->data[i]=l->data[i-1];
    l->data[id]=item;
    l->size++;
```

```
}
```

应用示例如图 4–6 所示。

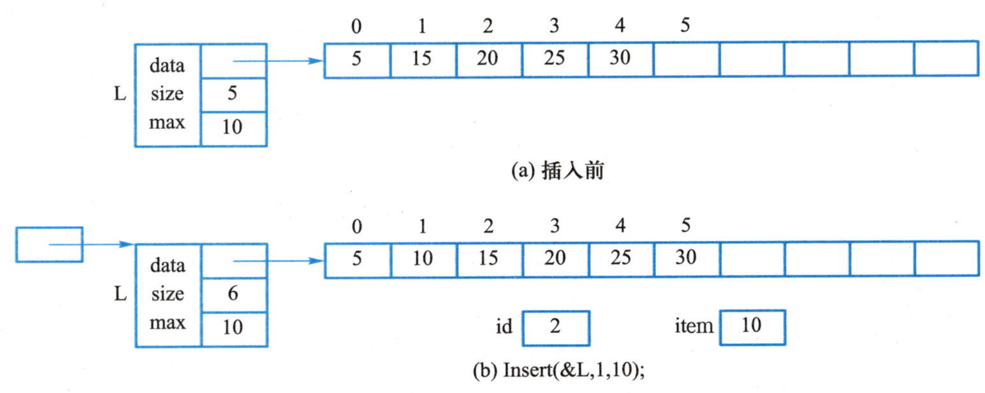

图 4–6 定点插入示意图

2. 首插

将一个数据元素插到索引为 0 的位置。该函数是定点插入的特例：

```
void PushFront(SeqList* l,Type item){Insert(l,0,item);}
```

其实，4.6 节的尾插是定点插入的特例：

```
void PushBack(SeqList* l,Type item){Insert(l,l->size,item); }
```

3. 首删和尾删

它们都是定点删除的特例：

```
void PopFront(SeqList* l){Erase(l,0);}          //首删。删除数据首元素
void PopBack(SeqList* l){Erase(l,l->size-1);}
                                                //尾删。删除数据尾元素
```

4. 清表

```
void Clear(SeqList* l){l->size=0;}               //将数据元素个数 size 置 0
```

4.11 参数合法性检验

线性表是线性连续结构，数据元素之间的前驱后继关系，在顺序表中所对应的数组元素也是前后相邻。如何实现这种存储呢？就是读写位置的合法性检验。以删除函数为例：删除位置既不能小于 0，也不能大于 size–1，如图 4–7 所示。

```
void Erase(SeqList* l,int id)
{
    int i;
    if(id<0||id>l->size-1)                      //删除位置的合法性检验
```

```
    {
        printf("Erase:id is illegal!");     // 删除位置不合法
        exit(1);                            // 停止程序
    }
    for(i=id+1;i<l->size;i++)
        l->data[i-1]=l->data[i];
    l->size--;
}
```

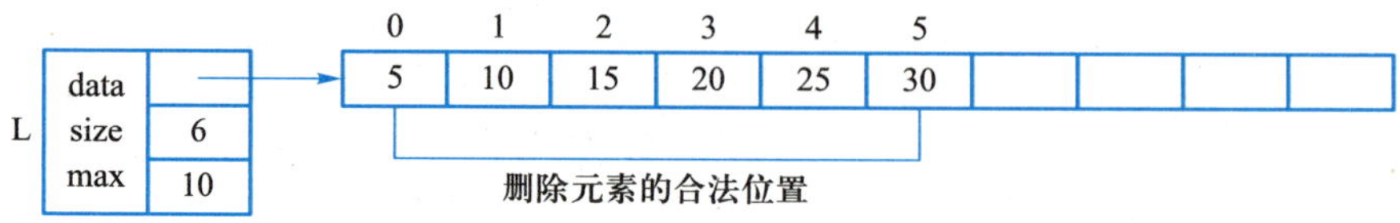

图 4-7 删除合法位置示意图

再以定点插入为例：插入位置不能小于 0，也不能大于 size，如图 4-8 所示。

```
void Insert(SeqList* l,int id,Type item)
{
    int i;
    if(id<0||id>l->size)                    // 插入位置的合法性检验
    {
        printf("Insert:id is illegal!");
        exit(1);
    }
    if(l->size==l->max)
        Reserve(l,2*l->max);
    for(i=l->size;i>id;i--)
        l->data[i]=l->data[i-1];
    l->data[id]=item;
    l->size++;
}
```

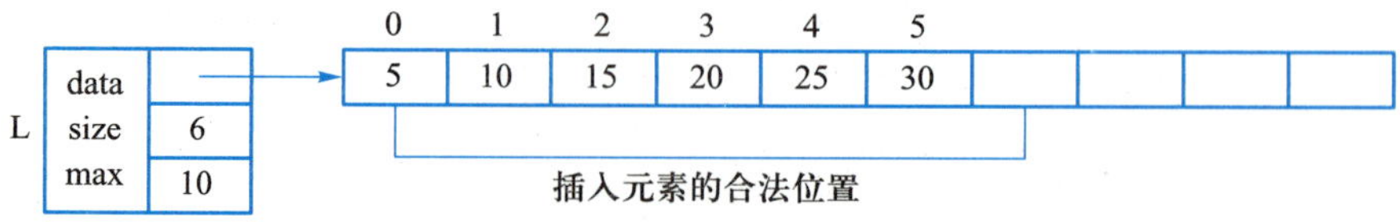

图 4-8 插入合法位置示意图

4.12 顺序表头文件

```
//seqlist.h
#ifndef SEQLIST_H                          //条件编译
#define SEQLIST_H
#include<stdio.h>                          //printf()
#include<stdlib.h>                         //malloc()、free()、exit()
struct SeqList
{
    Type* data;                            //动态数组指针
    int max;                               //数组长度
    int size;                              //数据元素个数
};
typedef struct SeqList SeqList;

void InitSeqList(SeqList* l,int n);
                                           //准构造。建空表
void FreeSeqList(SeqList*l){free(l->data);}
                                           //准析构。撤销动态数组空间
void Reserve(SeqList* l,int newmax);       //扩大数组长度

void Insert(SeqList* l,int id,Type item);
                                           //定点插入
void PushFront(SeqList* l,Type item){Insert(l,0,item);}
                                           //首插
void PushBack(SeqList* l,Type item){Insert(l,l->size,item);}
                                           //尾插
void Erase(SeqList* l,int id);             //定点删除

void PopBack(SeqList* l){Erase(l,l->size-1);}
                                           //尾删
void PopFront(SeqList* l){Erase(l,0);}
                                           //首删
```

```
void Clear(SeqList* l){l->size=0;}    //清表

int GetSize(const SeqList* l){return l->size;}
                                      //读取数据个数
Type GetData(const SeqList* l,int id){return l->data[id];}
                                      //读取索引为id的数据

void InitSeqList(SeqList* l,int n)    //准构造
{
   l->data=(Type*)malloc(n*sizeof(Type));
   if(l->data==0)
   {
       printf("allocation failure!\n");
       exit(0);
   }
   l->max=n;
   l->size=0;
   return;
}

void Reserve(SeqList* l,int newmax)  //将数组长度扩大为newmax
{
    int i;                            //索引
    Type* old;
    if(newmax<l->max)
        return;
    old=l->data;                      //指向数组,以保留原始数据
    l->max=newmax;                    //数组长度扩大一倍
    l->data=(Type*)malloc(newmax*sizeof(Type));
                                      //建新数组
    for(i=0;i<l->size;i++)            //将原始数据写入新数组空间
        l->data[i]=old[i];
    free(old);                        //释放原数组空间
}

void Insert(SeqList* l,int id,Type item)
```

```
{
    int i;
    if(id<0||id>l->size)                  //插入位置的合法性检验
    {
        printf("Insert:id is illegal!");
        exit(1);
    }

    if(l->size==l->max)
        Reserve(l,2*l->max);
    for(i=l->size;i>id;i--)
        l->data[i]=l->data[i-1];
    l->data[id]=item;
    l->size++;
}

void Erase(SeqList* l,int id)             //定点删除
{
    int i;
    if(id<0||id>l->size-1)                //删除位置的合法性检验
    {
        printf("Erase:id is illegal!");
        exit(1);
    }
    for(i=id+1;i<l->size;i++)
        l->data[i-1]=l->data[i];
    l->size--;
}

#endif
```

4.13 顺序表的意义

决定你所需要的类型；为每个类型提供完整的一组基本操作。

顺序表是对数组的改进，是程序员自己设计的类型：结构。这种结构的对象是由程序员确

定的一组相互关联的变量所构成的，它们是 data、size 和 max，称为数据成员。这种结构的基本操作是由程序员设计的，例如 InitSeqList( )、PushBack( )、Erase( )等，称为基本函数，也称方法。对数组的应用函数，例如 SumOfSeqList( )、Purge( )，都是在这个类型的基础上编写的。顺序表开启了程序员自己设计类型，自己设计方法的程序设计实践。

这种类型是通过“封装”来实现的：既封装了数据成员，又封装了基本函数代码。封装之后，应用函数不应该再直接读写封装的数据成员(data、size、max)，以免误操作。例如，要读取 size 的值，不应该直接读取，而应该调用基本函数 GetSize( )。这是封装原则。

遗憾的是，C 语言没有提供一种监督机制来支持封装。当一个应用函数直接读写顺序表的数据成员时，C 编译器并不视为非法。但这是很危险的，如果某一个数据成员由一个应用函数错误地读写，就会使整个程序“瘫痪”。其实，C 语言也难以提供这种机制，因为它还有很多局限性。

但是毕竟已经走出重要的一步，程序员可以尽可能自觉地遵守封装原则，这不应该是什么困难的事情，毕竟封装原则是先于监督机制而出现的，是程序员自己实践的总结。

一、简要回答以下问题。

1. 何谓结构？
2. 简述 typedef 名字的意义。
3. 概述顺序表的生成过程。
4. 概述顺序表的意义。

二、给下面程序的每条语句画图。

```
typedef int Type;
#include"seqlist.h"
int main()
{
    SeqList L;
    InitSeqList(&L,10);
    PushBack(&L,10);
    PushBack(&L,20);
    PushFront(&L,5);
    Insert(&L,2,15);
    Erase(&L,2);
    PopBack(&L);
```

```
    PopFront(&L);
    Clear(&L);
    FreeSeqList(&L);
    return 0;
}
```

三、编程

1. 编写顺序表的应用程序：选择排序。
2. 编写顺序表的应用程序：逆置。

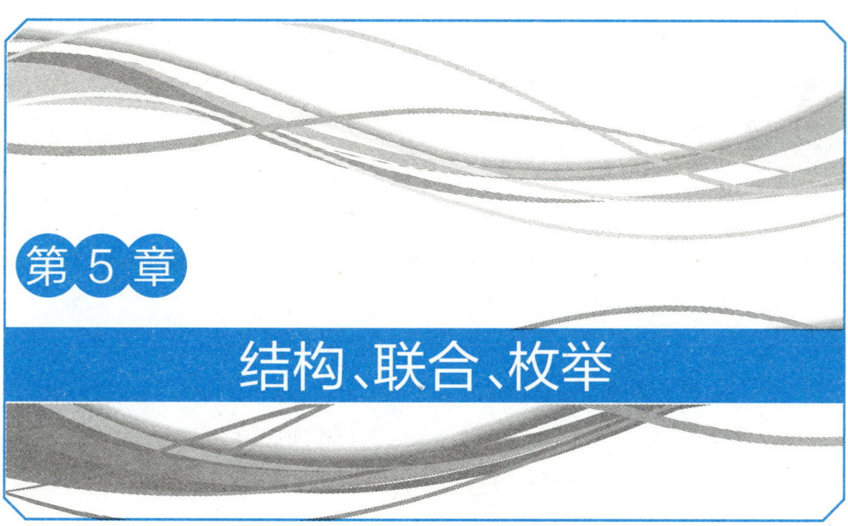

第 5 章 结构、联合、枚举

把一组有关联的变量封装在一起的是结构。把一组有关联的,共用一个地址的变量封装在一起的是联合。把一组有关联的命名常量封装在一起的是枚举。

5.1 结构

把一组有关联的变量封装在一起的是结构。例如 SeqList，它把表示数组特征的一组变量封装在一起。结构是程序员定义的复合类型。结构定义格式如下：

```
struct 结构名
{                                  //结构体始点
    成员声明列表;
};                                 //结构体终点
```

其中 struct 是关键字，结构名是程序员根据命名规则指定的，每一个结构成员都有类型和名称。结构定义是语句，结尾需要分号。例如：

```
struct Date                        //结构
{
    int year;                      //年
    int month;                     //月
    int day;                       //日
};                                 //分号不能省略
```

结构成员的类型可以相同，也可以不同。如果相同，可以合成一条声明语句，例如：

```
struct Date
{
    int year,month,day;
};
```

5.1.1 结构与对象

结构定义之后，可以用来定义或声明结构变量，格式如下：

struct 结构名 结构变量名;

例如：

```
struct Date dt;                    //Date 结构变量 dt
```

要去掉关键字 struct，可以利用 typedef 名字。

```
typedef struct Date Date;          //将 Date 作为 struct Date 的别名
```

可以直接给结构指定 typedef 名字：

```
typedef struct
{
    int year;                      //年
```

```
    int month;                          //月
    int day;                            //日
}Date;                                  //结构名
```

于是,结构变量的定义或声明语句简化为

```
Date dt;                                //Date 结构变量 dt
```

可以用结构直接定义或声明结构变量:

```
struct
{
    int year,month,day;
} dt;
```

(1)结构对象的初始化和赋值,例如:

```
Date dt1={2015,8,16};                   //初始化
Date dt2={2018,10,30};
Date dt3=dt1;                           //复制初始化
  dt1=dt2;                              //复制赋值
```

示意图如图 5-1 所示。

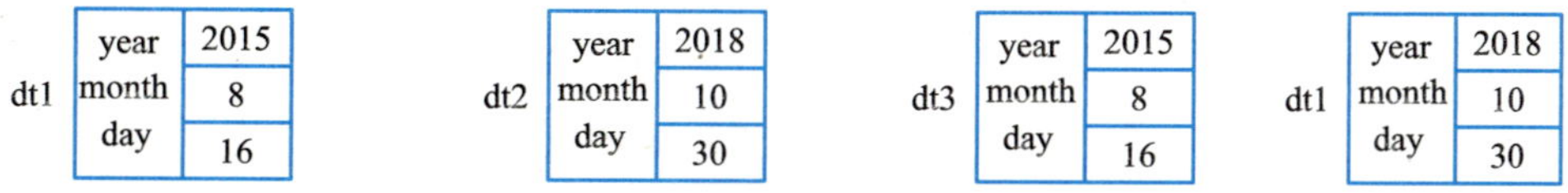

dt1: year 2015, month 8, day 16
(a) Date dt1={2015, 8, 16};

dt2: year 2018, month 10, day 30
(b) Date dt2={2018, 10, 30};

dt3: year 2015, month 8, day 16
(c) Date dt3=dt1;

dt1: year 2018, month 10, day 30
(d) dt1=dt2;

图 5-1 结构变量的初始化与赋值

下面的赋值非法:

```
dt1={2005,8,16};                        //非法
```

(2)结构定义和结构变量的定义或初始化可以是一条语句,例如:

```
struct Date                             //不省略结构名
{
    int year,month,day;                 //年、月、日
}dt={2015,8,16};
```

或

```
struct                                  //省略结构名
{
    int year,month,day;                 / 年、月、日
}dt={2015,8,16};
```

(3)结构成员的表示格式如下:

结构对象 . 结构成员名

结构指针 -> 结构成员名
(* 结构指针) . 结构成员名

其中 "." 是成员引用操作符,"->" 是箭头操作符。例如:

```
dt.year,dt.month,dt.day              //dt 是结构对象
pt->year,pt->month,pt->day           //结构指针 pt
```

或

```
(*pt).year,(*pt).month,(*pt).day
```

程序 5.1 结构变量的赋值和引用。

```
#include<stdio.h>
typedef  struct
{
    int year,month,day;
} Date;

int main()
{
    Date dt1={2018,4,10};           //结构变量 dt1 初始化
    Date dt2;                       //结构变量 dt2
    Date *pt;                       //结构指针 pt
//输出 dt1 的值
    printf("the value of dt1:\n");
    printf("%d/%d/%d\n",dt1.day,dt1.month,dt1.year);
                                    //输出日期
//输入
    printf("Enter a date:\n");
    scanf("%d%d%d",&dt2.year,&dt2.month,&dt2.day);
//修改
    dt1=dt2;                        //复制赋值
    pt=&dt1;                        //结构指针 pt 指向结构对象 dt1
//输出
    printf("the value of dt1 after changing:\n");
    printf("%d/%d/%d\n",pt->day,pt->month,pt->year);
                                    //输出日期

    return 0;
}
```

程序运行结果(粗体表示输入):

```
the value of dt1:
10/4/2018
Enter a date:
2018  4  20[Enter]
the value of dt1 after changing:
20/4/2018
```

5.1.2 结构 Date

```
typedef struct
{
    int year;                 // 年
    int month;                // 月
    int day;                  // 日
} Date;
```

在应用日期时,常常需要这样的计算:一个日期加上几天或减去几天是什么日期?两个日期的间隔是几天?这些计算需要如下基本操作支持。

(1)闰年判断。

(2)把日期转变为一个正整数。

(3)把一个正整数转变为日期。

(4)比较两个日期。

一个日期和一个正整数有这样的关系:正整数是从公元年 1 月 1 日到该日期的总天数。其中,公元年 1 月 1 日是计算的参照,这个参照也可以选择其他日期,例如公元 1000 年 1 月 1 日。

基本操作函数综合应用举例。计算“一个日期加上 155 天是什么日期?”步骤如下:先把该日期转换为总天数,然后加上 155 天,最后把结果转换为日期。在两次转换中都用到闰年判断:如果是闰年,那么二月份应该有 29 天而不是 28 天。

(1)闰年判断。用一个数组记录平年中每月的天数:

```
const int NoLeapYear[]={31,28,31,30,31,30,31,31,30,31,30,31};
```

闰年判断函数:

```
int Leapyear(int y)
{
    return  (y%4==0&&y%100!=0)||(y%400==0);
}
```

(2)把一个日期转换为一个正整数。其步骤如下。

① 用一个整型变量记录总天数,初始值为 0。

② 从公元1年起累加每一个整年的天数,不包含日期所属的年份。

③ 对该日期所属的年份,从1月起累加每一整月的天数,不包含该日期所属的月份。如果包含二月,还要判断闰年,决定是否再加1天。

④ 加上该日期在所属月份中的天数。

⑤ 返回总天数。

```
int DateToNum(Date dt)                    //把日期转换为一个正整数
{
    int i;
    int ndays=0;                          //步骤①
//累计整年的天数
    for(i=1;i<dt.year;++i)                //步骤②
        ndays+=Leapyear(i)?366:365;
//累计正月的天数
    for(i=1;i<dt.month;++i)               //步骤③
        ndays+=NoLeapYear[i-1];
    if(dt.month>2&&Leapyear(dt.year))     //闰年闰月加一天
        ++ndays;
//加上所属月份的天数
    ndays+=dt.day;                        //步骤④
    return ndays;                         //步骤⑤
}
```

(3) 把一个正整数转换为日期。其步骤如下。

① 用一个Date型变量记录日期,成员初始值为0。

② 自公元1年开始,从正整数中扣除整年的天数,每扣除一年,年份加1。

③ 自1月开始,从正整数中扣除整月的天数,每扣除一月,月份加1。

④ 剩余的整数就是日。

```
Date NumToDate(int ndays)
{
    Date dt={0,0,0};                      //步骤①
    unsigned n;
//参数检验
    if(ndays<=0)
    {
        printf("NumToDate:nday illegal!");
        exit(1);
    }
```

```
//计算年份
    dt.yr=1;                                //步骤②
    n=Leapyear(dt.yr)?366:365;              //取一年的天数
    while(ndays>n)                          //如果大于一年的天数
    {
        ndays-=n;                           //扣除一年的天数
        ++dt.yr;
        n=Leapyear(dt.yr)?366:365;          //取下一年的天数
   }
//计算月份
    dt.mo=1;                                //步骤③
    n= NoLeapYear[dt.mo-1];                 //取一月的天数
    while(ndays>n)
    {
        ndays -=n;
        ++dt.mo;
        n= NoLeapYear[dt.mo-1];             //取下一月的天数
        if(dt.mo==2&&Leapyear(dt.yr))       //闰月加1天
            ++n;
    }
//计算日
    dt.day=ndays;                           //步骤④

    return dt;
}
```

（4）比较两个日期。相等时，返回0；前者先于后者，返回1；后者先于前者返回-1。

```
int CompareOfDate(Date dt1,Date dt2)
{
    int n=DateToNum(dt1)-DateToNum(dt2);
    if(n<0)
        n=-1;
    else if(n>0)
        n=1;
    return n;
}
```

把Date结构声明、基本函数的声明和定义封装在头文件date.h中。要包含头文件stdio.h

和 stdlib.h。

程序 5.2 从今天计算,多少天以前和以后都是什么日子。

```
#include"date.h"
#include<stdio.h>
int main( )
{
    Date today;
    Date otherday;
    int n;
//输入
    printf("Enter a present date(year month day):\n");
    scanf("%d%d%d",&today.yr,&today.mo,&today.day);

    printf("Enter a positive integer:\n");
    scanf("%d",&n);
//处理和输出
    otherday=NumToDate(DateToNum(today)+n);
    printf("after %d days:\n",n);
    printf("%d-%d-%d\n",otherday.yr,otherday.mo,otherday.day);

    otherday=NumToDate(DateToNum(today)-n);
    printf("before %d days:\n",n);
    printf("%d-%d-%d\n",otherday.yr,otherday.mo,otherday.day);

    return 0;
}
```

程序运行结果(粗体表示输入):

```
Enter a present date(year month day):
2018    4   29[Enter]
Enter a positive integers:
280[Enter]
after 280 days:
2019-2-3
before 280 days:
2017-7-23
```

5.1.3 结构与数组

1. 结构数组

所谓结构数组是指由结构对象构成的数组。例如：

```
Date dt[3];
```

其中，数组长度为3，每一个数组元素都是Date结构。结构数组可以由赋值操作符一次赋值，但是要初始化。例如：

```
Date dt[3]={{2016,6,16},{2017,7,17},{2018,8,18}};
```

2. 结构数组的成员表示

结构数组[索引].结构成员

(结构数组+索引)->结构成员

例如：

```
dt[i].yr
dt[i].mo
dt[i].day
```

或

```
(dt+i)->yr
(dt+i)->mo
(dt+i)->day
```

程序5.3 结构数组的输入与输出。

```
#include<stdio.h>
typedef  struct
{
   int yr,mo,day;
} Date;

int main()
{
   Date dt[3]={{2016,6,16},{2017,7,17},{2018,8,18}};
                                            //结构数组初始化
   int i;
//输出
   for(i=0;i<3;++i)
        printf("%d-%d-%d\n",dt[i].yr,dt[i].mo,dt[i].day);
//输入
```

```
    printf("Enter 3 dates(year month day):\n");
    for(i=0;i<3;++i)
        scanf("%d%d%d",&dt[i].yr,&dt[i].mo,&dt[i].day);
//输出
    for(i=0;i<3;++i)
        printf("%d-%d-%d\n",(dt+i)->yr,(dt+i)->mo,(dt+i)->day);

    return 0;
}
```

程序运行结果(粗体表示输入):

```
2016-6-16
2017-7-17
2018-8-18
Enter 3 dates(year month day):
2018  6  16
2018  7  17
2018  9  19
2018-6-16
2018-7-17
2018-9-19
```

3. 数组与结构中的数组

数组名表示整个数组空间,但是在赋值操作中,它被转换为指向数组首元素的指针常量,赋给指针变量,因此,数组名不能是左值。例如:

```
int a[5];
a={5,10,15,20,25};                  //非法! a是指针常量,不能是左值

int a[5]={5,10,15,20,25},b[5];
b=a;                                //非法! b是指针常量,不能是左值
```

但是,数组作为结构成员,可以跟随结构对象一起整体赋值。例如:

```
typedef struct                      //一个数组作为仅有的结构成员
{
    int array[5];
} A;

A a={{5,10,15,20,25}},b;
A c=a;                              //结构可以复制初始化
```

```
b=a;                                  //结构可以复制赋值
```

这相当于一个结构对象中的数组给另一个结构对象中的数组赋值：

```
A C;
c.array[0]=a.array[0]; …c.array[4]=a.array[4];
b.array[0]=a.array[0]; …b.array[4]=a.array[4];
```

不过，当直接引用成员 array 时，数组 array 还是表示数组首元素指针。因此下面的语句是非法的：

```
b.array =a. array;                    //非法!
```

5.2 联合

如果一组变量是有关联的，而且最新存储的一个变量的值才是有效的，那么这组变量就可以封装在一起，共用一个最大的变量空间。这种封装称为**联合**。一个联合是一个程序员定义的类型。联合的定义格式与结构的定义格式类似：

```
union 联合名
{
   成员声明列表;
};
```

其中，union 是关键字。但是联合与结构是有本质区别的：一个结构对象，它的每一个成员都有自己独立的内存空间，当然也都有自己独立的地址；而一个联合对象，它的每一个成员都没有自己独立的内存空间，都共用一个地址。例如：

```
union UNI                        //定义联合(图 5-2)
{
   int id;
   double grades;
};
union UNI u;                     //定义一个联合变量 u
```

为了省略联合变量定义中的关键字 union，引入 typedef 名字：

```
typedef union UNI UNI;
```

或

```
typedef union
{
   int id;
   double grades;
}UNI;
```

联合 UNI 的变量 u，其内存空间就是最大成员 grades 的空间，占 8 个字节。

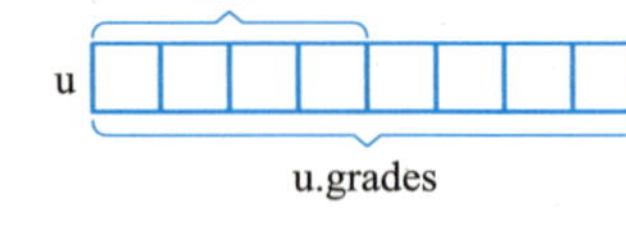

图 5-2 联合变量 u

联合变量可以初始化，但只能初始化第一个成员。联合变量在定义或初始化之后，每次读取最新赋值的成员才有意义。例如：

```
UNI u={201801};                    //合法。给成员 id 赋值
u.grades=90.5;                     //合法。给成员 grades 赋值
printf("%Lf\n",u.grades);          //有意义
printf("%Lf\n",u.id);              //无意义，因为最新赋值的成员不是 id
```

程序 5.4 联合的性质检验。

```
#include<stdio.h>
typedef union
{
    int id;
    double grades;
}UNI;
int main( )
{
    UNI u={201801};  //初始化
//输出变量和成员的地址
    printf("the address of u=%x\n",&u);
    printf("the address of u.id=%x\n",&u.id);
    printf("the address of u.grades=%x\n",&u.grades);
    printf("\n");
//输出变量和成员的字节数
    printf("the bites of u=%d\n",sizeof(u));
    printf("the bites of u.id=%d\n",sizeof(u.id));
    printf("the bites of u.grades=%d\n",sizeof(u.grades));
    printf("\n");
//输出成员的值
    printf("the value of u.id=%d\n",u.id);
    u.grades=90.5;
    printf("the value of u.grades=%Lf\n",u.grades);
    printf("\n");

    return 0;
```

```
}
```

程序运行结果：

```
the address of u=12ff40
the address of u.id=12ff40
the address of u.grades=12ff40

the bites of u=8
the bites of u.id=4
the bites of u.grades=8

the value of u.id=201801
the value of u.grades=90.500000
```

程序分析：

（1）从输出结果可以看出，成员 id 和 grades 是一个地址，当然也就是变量 u 的地址。u 的空间与最大的成员 grades 的空间一样大，都是 8 个字节。

（2）一段内存单元不是固定的属于哪一种类型的对象。以联合 UNI 的变量 u 为例，成员 id 和 grades，它们的地址相同，但是它们的类型不同。哪一个成员是最新赋值的，哪一个成员的类型就代表了该单元的当前类型，即代表了联合变量 u 的存储格式以及基本操作。

5.3 枚举常量和 switch-case 语句

有一些常量是有名称的，而且是一个整体，例如，从周一到周日，其值从 1 到 7；从 1 月到 12 月，其值从 1 到 12。

把一组有关联的命名常量封装在一起，称为**枚举**（enumeration），其中的常量称为枚举常量。

枚举的定义格式如下：

```
enum {枚举常量 1,枚举常量 2, …,枚举常量 n};
```

其中，enum 是关键字；枚举常量是由程序员指定的助记符，每一个枚举常量都表示一个整数，默认情况下，它们的值依次为 0、1、2、3、…、n-1。例如：

```
enum {sun,mon,tue,wed,thu,fri,sat};
```

其中，sun、mon、tue、wed、thu、fri、sat 是一组枚举常量，它们的值依次为 0、1、2、3、4、5、6。

如果希望枚举常量的值从某一非 0 值开始，例如从 1 开始，就给第一个枚举常量赋值 1，例如：

```
enum {mon=1,tue,wed,thu,fri,sat,sun};
```

这时，枚举常量的值便依次为 1、2、3、4、5、6、7。

当然，也可以给每一个枚举常量赋值。

编写一个程序,用来查询一周的活动安排。假设一周的活动安排是,周一学习英语(English),周2学习书法(Calligraphy),周三打网球(Tennis),周四会朋友(Friends),周五读书(Books),周六看父母(Parents),周日做家务(Housework)。

每输入一个值(1~7),就显示要做的事情。

有三种语句可以实现这种功能:嵌套 if-else 语句、if 语句、switch-case 语句。

1. 嵌套 if-else 语句

```
if(w==mon)
    printf("English\n");
else
    if(w==tue)
        printf("Calligraphy\n");
    else
        if(w==wed)
            printf("Tennis\n");
        else
            if(w==thu)
                printf("Friends\n");
            else
                if(w==fri)
                    printf("Books\n");
                else
                    if(w==sat)
                        printf("Parents\n");
                    else
                        if(w==sun)
                            printf("Housework\n");
                        else
                            printf("Error\n");
```

但是嵌套过多,缩进的结果会使代码向右偏斜太大,不易书写和阅读。解决这个问题的一个方法是采用等价的 else-if 格式,它是嵌套 if-else 语句的另一种书写方式:

```
if(w==mon)
    printf("English\n");
else if(w==tue)
    printf("Calligraphy\n");
else if(w==wed)
    printf("Tennis\n");
```

```
else if(w==thu)
     printf("Friends\n");
else if(w==fri)
     printf("Books\n");
else if(w==sat)
     printf("Parents\n");
else if(w==sun)
     printf("Housework\n");
else
     printf("Error\n");
```

2. if语句。这是一种非平衡的if-else语句。格式如下：

```
if(表达式)
   语句组                        //if有条件执行语句
```

嵌套if-else语句可以用if语句替代：

```
if(w==mon)
     printf("English\n");
if(w==tue)
     printf("Calligraphy\n");
if(w==wed)
     printf("Tennis\n");
if(w==thu)
     printf("Friends\n");
if(w==fri)
     printf("Books\n");
if(w==sat)
     printf("Parents\n");
if(w==sun)
     printf("Housework\n");
if(w<mon||w>sun)
     printf("Error\n");
```

与嵌套if-else语句不同的是，这8条if语句是一个顺序结构：无论week的值是多少，这几个if子句都要依次执行，尽管只有一个if子句满足条件，因此在效率上不如嵌套if-else语句。

3. switch-case语句。它把嵌套if-else语句“扯平”。这种语句的格式如下：

```
switch(表达式)
{
case 常量表达式1:
```

```
        语句组 1
case  常量表达式 2:
        语句组 2
case  常量表达式 3:
        语句组 3
        …
case  常量表达式 n:
        语句组 n
default:
        语句组 n+1
  }
```

表达式和常量表达式的值都是整数。每一个 case 子句都是一个“入口”。如果表达式的值和某一个常量表达式的值相等，switch-case 语句的流程就进入该入口，执行其中的语句组。每一个语句组的最后一条语句都是 break 语句，表示结束 switch-case 语句。default 子句也是一个“入口”，如果表达式的值和所有常量表达式的值都不相等，就进入 default 入口，这里的语句组可以省略 break 语句，switch-case 语句到结尾自然结束。

程序 5.5 应用 switch-case 语句，显示一周活动安排，其中输入是带有前哨的输入。

```
#include<stdio.h>
enum {mon=1,tue,wed,thu,fri,sat,sun};
int main( )
{
   int w;                          //保存输入
//输入:
   printf("Enter an integer and 0 to end");
   printf("(1=mon,2=tue,3=wed,4=thu,5=fri,6=sat,7=sun):\n");
   scanf("%d",&w);
//处理和输出
   while(w!=0)                     //0是前哨
   {
       switch(w)
       {
       case mon:
           printf("English\n");
           break;
       case tue:
           printf("Calligraphy\n");
```

```
            break;
        case wed:
            printf("Tennis\n");
            break;
        case thu:
            printf("Friends\n");
            break;
        case fri:
            printf("Books\n");
            break;
        case sat:
            printf("Parents\n");
            break;
        case sun:
            printf("Housework\n");
            break;
        default:
            printf("Error\n");
        }
    //输入
        printf("Enter an integer and 0 to end");
        printf("(1=mon,2=tue,3=wed,4=thu,5=fri,6=sat,7=sun):\n");
        scanf("%d",&w);
    }

    return 0;
}
```

程序运行结果（粗体表示输入）：

```
Enter an integer and 0 to end(1=mon,2=tue,3=wed,4=thu,5=fri,6=sat,7=sun):
1[Enter]
English
Enter an integer and 0 to end(1=mon,2=tue,3=wed,4=thu,5=fri,6=sat,7=sun):
2[Enter]
Calligraphy
```

```
Enter an integer and 0 to end(1=mon,2=tue,3=wed,4=thu,5=fri,
6=sat,7=sun):
3[Enter]
Tennis
Enter an integer and 0 to end(1=mon,2=tue,3=wed,4=thu,5=fri,
6=sat,7=sun):
4[Enter]
Friends
Enter an integer and 0 to end(1=mon,2=tue,3=wed,4=thu,5=fri,
6=sat,7=sun):
5[Enter]
Books
Enter an integer and 0 to end(1=mon,2=tue,3=wed,4=thu,5=fri,
6=sat,7=sun):
6[Enter]
Parents
Enter an integer and 0 to end(1=mon,2=tue,3=wed,4=thu,5=fri,
6=sat,7=sun):
7[Enter]
Housework
Enter an integer and 0 to end(1=mon,2=tue,3=wed,4=thu,5=fri,
6=sat,7=sun):
0[Enter]
```

程序分析：

（1）如果一周有几天做同样的事情，那么“入口”可以合并。例如，周一和周二都学书法：

```
case mon:
case tue:
     printf("Calligraphy\n");
     break;
```

（2）枚举常量的定义语句可以植入函数体内的变量定义部分。

（3）枚举常量定义：

```
enum {sun,mon,tue,wed,thu,fri,sat};
```

等价于宏常量的宏命令（参见附录C）：

```
#define MON  1
#define TUE  2
#define WED  3
```

```
#define THU  4
#define FRI  5
#define SAT  6
#define SUN  7
```

不过前者是语句，要经过编译器的语法检验。后者不是语句，是宏命令，在编译前处理，只做简单的替换。另外，枚举常量只能是整数，而宏常量可以是任何类型的数，而且一般为大写。例如：

```
#define PI 3.1415926
```

（4）在数组定义中，枚举常量和宏常量都可以用来指定数组长度。例如：

```
enum {MAX=10};                          //枚举常量 MAX 的值为 10
int data[MAX];                          //数组长度 10
```

（5）枚举是类型，可以拥有名称，例如：

```
enum Week{mon=1,tue,wed,thu,fri,sat,sun};
```

其中 Week 是枚举类型名。可以定义枚举变量，例如：

```
enum Week w;                            //用枚举类型名称定义枚举变量 w
```

或者

```
enum {mon=1,tue,wed,thu,fri,sat,sun} w;//用枚举类型体定义枚举变量 w
```

程序 5.5 的变量 w 可以改用枚举类型。

一、简要回答以下问题。

1. 什么是结构？
2. 什么是联合？
3. 什么是枚举？

二、下面的结构变量定义哪一个是对的？

（1）

```
struct Student
{
     long int id;            //学号
     double grades;          //成绩
};
Student st;
```

（2）

```
struct Student
```

```
{
    long int id;        //学号
    double grades;      //成绩
}st;
```

(3)

```
struct
{
    long int id;        //学号
    double grades;      //成绩
}st;
```

(4)

```
typedef struct
{
    long int id;        //学号
    double grades;      //成绩
}Student;
Student st;
```

(5)

```
struct Student
{
    long int id;        //学号
    double grades;      //成绩
};
struct Student st;
```

三、把下面程序中的 if-else 嵌套语句改为 switch 语句。

```
#include<stdio.h>
int main()
{
    double grades;
    printf("Enter grades:\n");
    scanf("%Lf",&grades);
    if(grades>=90)
        printf("A\n");
    else if(grades>=80)
        printf("B\n");
    else if(grades>=70)
```

```
            printf("C\n");
        else
            printf("D\n");
        return 0;
}
```

四、编写程序

1. 编写结构 Date 的基本函数:计算一个日期加上一个整数后所得的日期。

2. 编写结构 Date 的基本函数:计算一个日期减去一个整数后所得的日期。

3. 一个人从 2010 年 1 月 1 日开始,三天打鱼,两天晒网。请编程,计算他在指定的某一天(从键盘输入)是打鱼还是晒网。

4. 输入 10 个学生记录(记录包括学号和平均成绩),然后按成绩从小到大排序,最后将排序后的结果输出。

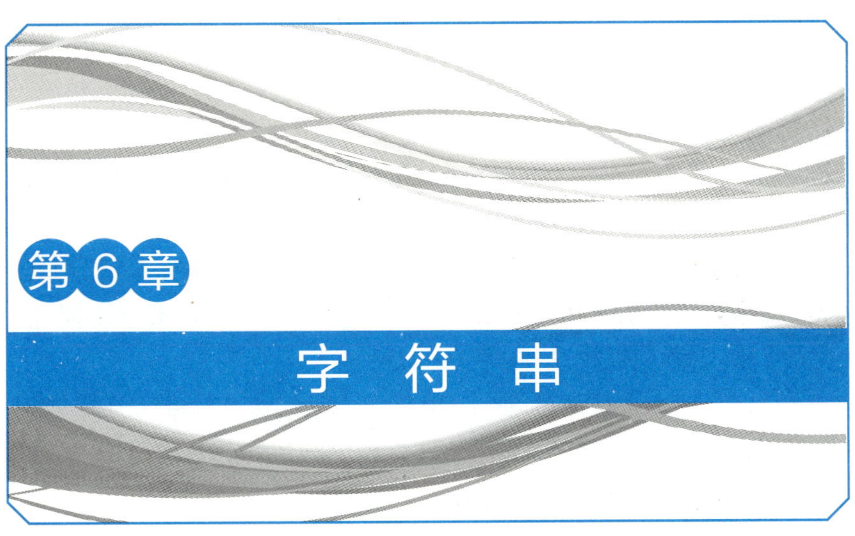

第6章 字符串

字符串既是一种特殊的数组，也是一种特殊的顺序表。

字符串是有效字符序列。所谓“有效字符”是指系统允许使用的字符，包括大小写字母、数字、专用字符和转义字符。

字符串字面常量以双引号作为界限符。例如：

"china", "a=b+c;", "39.457"

字符串对象是结尾带有结束符(\0)的字符数组，如图6–1所示。

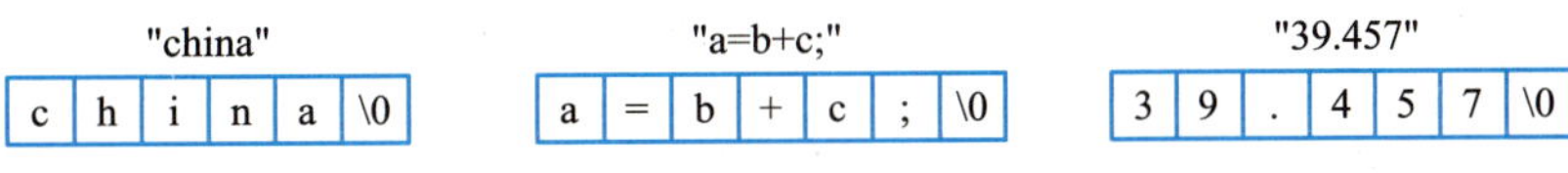

图6–1 字符串字面常量示例

字符串长度是有效字符个数，不包含结束符。

字符串的基本操作不是自带的，而是由库文件string.h提供的函数。

6.1 字符型

构成字符串的是有效字符,应用最广泛的有效字符有 128 个,称为标准**字符**。

字符是数据,类型为字符型(char)。字符型对象占一个字节,其值以整数格式存储。字符型字面常量用单引号作为界限符,例如 'A','6'。注意 '6' 和 6 不同,前者是数字字符,是字符型字面常量,后者是整数,是整型字面常量。

每一个标准字符都对应一个整数作为其代码。标准字符有 128 个,代码从 0 到 127,字符与代码一一对应。128 个标准字符和相应的代码构成 **ASCII 字符集**(美国信息交换标准代码)。ASCII 字符集的常用部分如表 6-1 所示。

表 6-1 ASCII 字符集(部分)

	0	1	2	3	4	5	6	7	8	9
3			◆	!	"	#	$	%	&	'
4	(	)	*	+	,	-	.	/	0	1
5	2	3	4	5	6	7	8	9	:	;
6	<	=	>	?	@	A	B	C	D	E
7	F	G	H	I	J	K	L	M	N	O
8	P	Q	R	S	T	U	V	W	X	Y
9	Z	[	\	]	^	_	`	a	b	C
10	d	e	f	g	h	i	j	k	l	m
11	n	o	p	q	r	s	t	u	v	w
12	x	y	z	{	|	}	~			

注:◆表示空格。

从表 6-1 不难看出,十进制数字字符的代码从 48 到 57,大写字母(A ~ Z)的代码从 65 到 90,小写字母(a ~ z)的代码从 97 到 122。一个小写字母代码减 32 就是大写字母代码,一个大写字母代码加 32 就是小写字母代码。转义字符,例如,\n、\t,表示一个字符(参见附录 B.3)。

因为标准字符与其代码一一对应,所以在代码范围之内,整数和字符可以根据需要相互转换。对字符的算数运算、关系运算和逻辑运算,都是转换为代码进行的。例如,两个字符比较,是其代码比较;两个字符加减,是其代码加减。字符的输出输入格式符为 %c。

程序 6.1 字符与代码。

```
#include<stdio.h>
```

```
int main( )
{
    char ch='A';
    printf("%c\n",ch);            //输出字符
    printf("%d\n",ch);            //输出字符代码
    printf("%c\n",ch+32);         //输出小写字母
    printf("%d\n",ch+32);         //输出小写字母代码

    return 0;
}
```

程序运行结果：

```
A
65
a
97
```

程序分析：

（1）因为字符以代码存储，而代码即整数，所以字符型变量 ch 可以等价地替换为整型变量：

```
int ch='A';
```

（2）字符的输入和输出有特定的标准函数，包含在库文件 stdio.h。

```
int getchar( );               //从键盘接收一个字符，返回该字符代码
int putchar(int c);           //在显示器上输出字符 c，返回该字符代码
```

从键盘输入的数据都要首先进入输入缓冲区，然后标准输入函数从缓冲区读取数据。缓冲区是一个内部数组。函数 getchar( )的执行过程是，首先检验缓冲区是否为空，如果不空，它直接提取其中的字符，如果空，它等待用户从键盘输入。好的编程习惯是，每次执行函数 getchar( )之前，都调用函数 fflush(stdin)以清空缓冲区，其中实参 stdin 是符号化的缓冲区指针常量。

程序 6.2 字符的输入输出函数。

```
#include<stdio.h>
int main( )
{
    int ch;
    printf("input a character:\n");     //输入提示
    fflush(stdin);                      //清空输入缓冲区
    ch=getchar( );                      //scanf("%c",&ch);
    putchar(ch);                        //printf("%c",ch);
    printf("\n");
```

```
    printf("input another character:\n");
    fflush(stdin);                    //清空输入缓冲区
    ch=getchar();
    putchar(ch);
    printf("\n");

    return 0;
}
```

程序运行[粗体表示输入]

```
input a character:
A[Enter]
A
input another character:
B[Enter]
B
```

程序分析：

在读取第一个字符 A 之前，已经调用函数 fflush()以清空缓冲区，为什么在读取第二个字符 B 之前，还要清空一次缓冲区呢？答案是，在输入 A 时，以回车符表示输入结束，这个回车符和 A 一起进入了缓冲区，函数 getchar()在读取字符 A 之后，缓冲区留下回车符(相当于\n)，如果不清空缓冲区，函数 getchar()在第二次读取字符时，不等用户输入，就直接读取回车符(回车符的代码是 10)。

程序 6.3 检验输入缓冲区残留的换行符。

```
#include<stdio.h>
int main()
{
    int ch;
    printf("input a character:\n");    //输入提示
    fflush(stdin);                      //清空输入缓冲区
    ch=getchar();                       //scanf("%c",&ch);
    putchar(ch);                        //printf("%c",ch);
    printf("\n");

    printf("input another character:\n");
    ch=getchar();
    printf("%d\n",ch);                  //输出代码
```

```
    return 0;
}
```

程序运行结果（粗体表示输入）：

```
input a character:
A[Enter]
A
input another character:
10
```

程序分析：

第二个字符还没等输入，就输出了一个字符的代码 10，表明该字符是换行符（\n）。

6.2 字符串特点

1. 数值字符串字面常量与数值字面常量不同

39.457 是双浮点型字面常量，占 4 或 8 个字节（依系统而决定），它的基本操作是加、减、乘、除等。而 "39.457" 是数值字符串字面常量，至少需要 7 个字节（见图 6–2），它的基本操作是串长、串复制、串连接等。

2. 空串与只有一个字符且为空格的字符串

空串不包含有效字符，串长为 0。只有一个字符且为空格的字符串，其串长为 1，如图 6–3 所示。

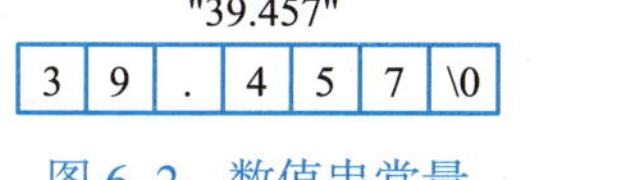

图 6–2 数值串常量

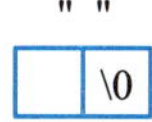

图 6–3 空字符串和含有一个空格的字符串

3. 字符串赋值

字符串字面常量可以通过初始化存储到字符数组中，例如：

```
char str[10]="china";
```

结果如图 6–4 所示。

字符串字面常量也可以赋值给指针，不过只是将首字符地址赋给指针，例如：

```
char *p;
p="china";
```

或者

```
char *p="china";
```

结果如图 6–5 所示。

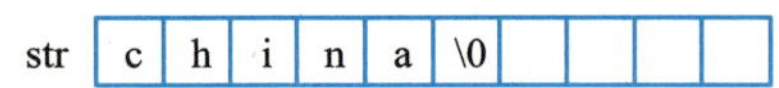

图 6-4 初始化语句 char str[10] = " china " 的结果

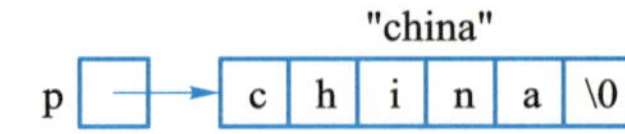

图 6-5 语句 char *p= " china " 的结果

为什么整型字面常量不能传址,而字符串字面常量可以传址? 因为整型是基本类型,不依赖其他类型,生命周期仅仅需要一个表达式的执行时间,而字符串类型是复合类型,依赖指针来访问字符串的字符,对指针的依赖性使它的生命周期要与指针变量的生命周期统一。

可以修改数组 str 中的字符串,例如:

```
str[0]='C';              //China
```

但是不能修改 p 所指向的字符串字面常量,例如:

```
p[0]='C';                // 错
```

对这种错误,不少编译器不能捕捉,而是直接中断程序。对这种赋值,应该将指针 p 设为 const 型指针:

```
const char *p="china";
```

这时,如果再修改 p 所指向的字符串字面常量,编译器将给出具体错误提示。

4. 特殊的数组

字符串对象是结尾带有结束符 '\0' 的字符数组。这个结束符使字符串遍历不需要另外一个表示字符个数的变量。遍历一个字符串,是用自带的结束符来表示的条件控制循环,而不像遍历数组,是用另一个变量来表示的计数控制循环。在这个意义上,字符串是特殊的字符数组,如表 6-2 和表 6-3 所示。

表 6-2 字符串和数组的输出比较

程序 6.4 字符串输出用条件控制循环	程序 6.5 数组输出用计数控制循环

#include<stdio.h>
int main( )
{
    int i;
    char str[10]="china";
    for(i=0;**str[i]!='\0'**;i++)
        printf("%c",str[i]);
    printf("\n");
    return 0;
}
	#include<stdio.h>
	int main( )
	{
	    int i;
	    int a[10]={1,2,3,4,5,6};
	    for(i=0;**i<6**;i++)
	        printf("%d\t",a[i]);
	    printf("\n");
	    return 0;
	}

程序运行结果: china	**程序运行结果:** 1 2 3 4 5 6

5. 特殊的顺序表

字符串也是一种特殊的顺序表:顺序表的数组空间是动态分配的,数据个数由一个成员来记录,对数组的基本操作是自定义函数;而字符串的空间是静态的,字符序列以结束符 '\0' 为标志,对字符串的基本操作由库(string.h)提供。

表 6-3 字符串和数组的输出函数比较

<table>
<tr><td>程序 6.6 字符串输出函数
<pre>
#include<stdio.h>
void OutputString(char* c)
{
    int i;
    for(i=0;c[i]!='\0';i++)
        printf("%c",c[i]);
    printf("\n");
}
int main()
{
    char str[10]="china";
    OutputString(str);
    return 0;
}
</pre></td><td>程序 6.7 数组输出函数
<pre>
#include<stdio.h>
void OutputArray(int* p,int n)
{
    int i;
    for(i=0;i<n;i++)
        printf("%d\t",p[i]);
    printf("\n");
}
int main()
{
    int a[10]={1,2,3,4,5,6};
    OutputArray(a,6);
    return 0;
}
</pre></td></tr>
</table>

6.3 字符串基本操作

指针是依赖数组而存在的复合类型。一个字符型指针,如果指向字符数组的首元素,它就与该数组等价。

而字符串类型是特殊的字符数组,结尾带有串结束符,所以,一个字符型指针,如果指向一个字符串的首字符,它就与该字符串等价。例如:

```
char str[10]="china";
char* s=str;
```

这时,字符指针 s 与字符串 str 等价。

因为初始化中的左元和右元等价于形参和实参,所以,在一个函数的形参列表中,一个字符型指针,如果说它表示字符数组,那么是说它对应的实参是字符数组。如果说它表示字符串,那么是说它对应的实参是字符串。

字符串的基本操作函数声明包含在头文件 string.h 中。

6.3.1 字符串输入输出

(1) 在显示器上输出字符串 s,输出成功返回 0。

```
int puts(const char *s);
```

(2) 从键盘输入一个字符串,存入字符串或字符数组 s,返回字符串指针 s。s 不能表示字符串常量。

```
char* gets(char *s);
```

程序 6.8 字符串输入输出函数应用举例。

```
#include<stdio.h>
#include<string.h>
int main( )
{
    char str[40];
    printf("Enter a string:\n");
    gets(str);
    puts(str);

    return 0;
}
```

程序运行结果:

```
Enter a string:
love study
love study
```

6.3.2 字符串求长

计算并返回字符串 s 的长度:

```
int strlen(const char *s);
```

程序 6.9 字符串求长函数应用举例。

```
#include<stdio.h>
#include<string.h>

int main( )
{
    char str[15]="love study";
    const char *p="read boooks";
    printf("str:%d\n",strlen(str));                    //10
    printf("p:%d\n",strlen(p));                        //11
    printf("read book:%d\n",strlen("read boooks"));    //11
    return 0;
}
```

程序运行结果:

```
str:10
```

```
p:11
read book:11
```

6.3.3 字符串复制

（1）将源字符串 s2 复制到目标字符串或字符数组 s1，返回指针 s1。s1 要有足够的空间可以容下复制的字符串 s2。s1 不能表示字符串常量。

```
char* strcpy(char* s1,const char* s2);
```

（2）将源字符串 s2 的前 n 个字符替换目标字符串 s1 前 n 个字符。如果目标字符串 s1 的长度小于 n，那么全复制。返回指针 s1。s1 要有足够的空间可以容下替换后的字符串。s1 不能表示字符串常量。

```
char* strncpy(char* s1,const char* s2,int n);
```

程序 6.10 字符串复制函数应用举例。

```
#include<stdio.h>
#include<string.h>

int main()
{
    char a[20];
    char str[15]="love study";
    const char *p="read boooks";

    printf("a:");
    puts(strcpy(a,str));         // love study

    printf("str:");
    puts(strcpy(str,p));         // read boooks

    printf("str:");
    puts(strncpy(str,a,4));      // love boooks

    return 0;
}
```

程序运行结果：

```
a:love study
str:read boooks
```

```
str:love boooks
```

应用中的错误举例:

```
strcpy(p,str);              //错! const 型指针 p 不能传递给非 const 型指针 s1
strcpy("happy life",str);   //错!不能修改字符串字面量
```

6.3.4 字符串连接

(1) 将源字符串 s2 连接到目标字符串 s1 之后,返回指针 s1。s1 要有足够的空间可以容下连接后的字符串。s1 不能表示字符串常量。

```
char* strcat(char *s1,const char *s2);
```

(2) 将源字符串 s2 的前 n 个字符连接在目标字符串 s1 之后,返回指针 s1。s1 要有足够的空间可以容下连接后的字符串。s1 不能表示字符串常量。

```
char* strncat(char* s1,const char* s2,int n);
```

程序 6.11 字符串连接函数应用举例。

```
#include<stdio.h>
#include<string.h>

int main()
{
    char a[20];
    char str[40]="love study";
    const char *p="read books forever";

    printf("str:");
    puts(strcat(str,"and"));       //love study and

    printf("str:");
    puts(strncat(str,p,10));       //love study and read books

    return 0;
}
```

程序运行结果:

```
str:love study and
str:love study and read books
```

应用错误举例:

```
strcat(a,str);              //错! a 不应该是数组,应该是字符串
```

为了避免这类错误，在初始化时把字符数组 a 设为空串：

```
char a[20]="";
```

6.3.5 字符串大小写

（1）将字符串 s 的小写字符改为大写字符，返回指针 s。s 不能表示字符串常量。

```
char* strupr(char * s);
```

（2）将字符串 s 的大写字符改为小写字符，返回指针 s。s 不能表示字符串常量。

```
char* strlwr(char * s);
```

程序 6.12 字符大小写函数应用举例。

```
#include<stdio.h>
#include<string.h>
int main()
{
    char str[15]="love study";

    puts(strupr(str));
    puts(strlwr(str));

    return 0;
}
```

程序运行结果：

```
LOVE STUDY
love study
```

6.3.6 字符串比较

（1）将字符串 s1 和 s2 的字符从前往后逐个比较，都相等时返回 0，不等时，比较停止，前者大时返回 1，后者大时返回 -1。

```
int strcmp(const char* s1,const char* s2);
```

（2）将字符串 s1 和 s2 的前 n 个字符前后逐个比较，都相等时返回 0，不等时，比较停止，前者大时返回 1，后者大时返回 -1。

```
int strncmp(const char* s1,const char* s2,int n);
```

程序 6.13 字符串比较函数应用举例。

```
#include<stdio.h>
#include<string.h>
```

```
int main( )
{
    char str1[15]="love study";
    char str2[15]="love books";

    printf("str1 with str2:%d\n",strcmp(str1,str2));
    printf("str2 with str1:%d\n",strcmp(str2,str1));
    printf("str1 with str2 in 4:%d\n",strncmp(str1,str2,4));

    return 0;
}
```

程序运行结果:

```
str1 with str2:1
str2 with str1:-1
str1 with str2 in 4:0
```

6.3.7 字符查找

(1) 在字符串 s 中查找第一个出现的字符 ch,并返回该字符指针,不存在时,返回指针 0。

```
const char* strchr(const char* s,int ch);
```

(2) 在字符串 s 中查找最后一个出现的字符 ch,并返回该字符指针,不存在时,返回指针 0。

```
const char* strrchr(const char* c,int ch);
```

程序 6.14 字符查找函数应用举例。

```
#include<stdio.h>
#include<string.h>
int main( )
{
    char str[50]="we love study and love books";

    puts(strchr(str,'l'));
    puts(strrchr(str,'l'));

    return 0;
}
```

程序运行结果:

```
love study and love books
```

```
love books
```

6.3.8 字符串匹配

在主串 str 中查找第一个出现的子串 substr，并返回子串在主串中的首字符指针。不存在时，返回指针 0。

```
char* strstr(const char* str,const char* substr);
```

程序 6.15 字符串匹配函数应用举例。

```
#include<stdio.h>
#include<string.h>
int main( )
{
    char str[40]="read books forever";
    puts(strstr(str,"book"));

    return 0;
}
```

程序运行结果：

```
books forever
```

6.4 设计字符串基本操作

字符串基本函数是 C 语言的标准库提供的，本节模拟它们的功能，自己设计这些函数。为什么要这样做呢？

（1）字符串是指针和数组的高度统一，而指针和数组是 C 语言的核心概念，主要的编程技巧大都和它们有关，设计字符串基本函数可以集中学习这方面的技巧。

（2）字符串是特殊的顺序表，顺序表开启了程序员自己设计类型、自己设计方法的程序设计实践。这是重要的实践，因为没有一种语言，可以提供足够的类型，只需简单地调用基本函数就可以完成任何程序设计。设计字符串基本函数，可以加强类型设计意识。

为了区别，自设计函数的名称首字符都用大写。这些函数的声明和定义封装在文件 userstring.h 中。6.3 节的系列程序，用到字符串基本函数的地方都替换成自设计函数。将文件包含命令 #include<string.h> 替换为 #include"userstring.h"。编译系统对双引号界定的文件 userstring.h，先在当前工程目录下寻找，如果没找到，就到默认路径中寻找；对尖括号界定的文件 string.h，直接到默认路径中寻找。

6.4.1 设计字符串输入和输出函数

（1）从键盘输入一个字符串，存入字符串或字符数组 s，返回字符串指针 s。

```
char* Gets(char *s)
{
    char ch;
    int i=0;
    ch=getchar( );
    while(ch ! ='\n')
    {
        s[i]=ch;
        i++;
        ch=getchar( );
    }
    s[i]='\0';
    return s;
}
```

（2）在显示器上输出字符串 s，输出成功返回 0。

```
int Puts(const char* s)
{
    int i=0;
    while(s[i]!='\0')
    {
        putchar(s[i]);
        i++;
    }
    printf("\n");
    return 0;
}
```

程序 6.16 自设字符串输入输出函数应用举例。

```
#include<stdio.h>
#include"userstring.h"
int main( )
{
    char str[40];
```

```
    printf("Enter a string:\n");
    Gets(str);
    Puts(str);

    return 0;
}
```

程序运行结果(粗体表示输入):

```
Enter a string:
love study[Enter]
love study
```

6.4.2 设计字符串求长函数

计算并返回字符串 s 的长度:

```
int Strlen(const char *s)
{
     int i=0;
     while(s[i]!='\0')
         ++i;
     return i;
}
```

程序 6.17 自设字符串求长函数应用举例。

```
#include<stdio.h>
#include "userstring.h"
int main()
{
    char str[15]="love study";
    const char *p="read boooks";
    printf("str:%d\n",Strlen(str));                        //10
    printf("p:%d\n",Strlen(p));                            //11
    printf("read book:%d\n",Strlen("read boooks"));        //11

    return 0;
}
```

程序运行结果:

```
str:10
```

```
p:11
read book:11
```

6.4.3 设计字符串复制函数

(1)将源字符串s2复制到目标字符串或目标字符数组s1,返回指针s1。s1要有足够的空间可以容下复制的字符串s2。

```
char* Strcpy(char *s1,const char *s2)
{
    int i=0;
    while(s2[i]!='\0')
        s1[i]=s2[i++];     // s1[i]=s2[i];  ++i;
    s1[i]='\0';
    return s1;
}
```

(2)将源字符串s2的前n个字符替换目标字符串s1前n个字符。如果目标字符串s1的长度小于n,那么全复制。返回指针s1。s1要有足够的空间可以容下替换后的字符串。

```
char* Strncpy(char* s1,const char* s2,int n)
{
    int i;
    int len=Strlen(s1);
    for(i=0;i<n;i++)
        s1[i]=s2[i];
    if(len<n)
        s1[i]='\0';
    return s1;
}
```

程序6.18 自设字符串复制函数应用举例。

```
#include<stdio.h>
#include "userstring.h"
int main()
{
    char a[20];
    char str[15]="love study";
    const char *p="read boooks";
```

```
    printf("a:");
    Puts(Strcpy(a,str));          //love study

    printf("str:");
    Puts(Strcpy(str,p));          //read boooks

    printf("str:");
    Puts(Strncpy(str,a,4));       //love boooks

    return 0;
}
```

程序运行结果：

```
a:love study
str:read boooks
str:love boooks
```

6.4.4 设计字符串连接函数

（1）将源字符串 s2 连接到目标字符串 s1 之后，返回指针 s1。s1 要有足够的空间可以容下连接后的字符串。

```
char* Strcat(char *s1,const char *s2)
{
    int i=Strlen(s1);             //串 s1 的结束符索引
    int j=0;                      //串 s2 的索引
    while(s2[j]!='\0')
        s1[i++]=s2[j++];          //s1[i]=s2[j]; i++; j++;
    s1[i]='\0';
    return s1;
}
```

（2）将源字符串 s2 的前 n 个字符连接在目标字符串 s1 之后，返回指针 s1。s1 要有足够的空间可以容下连接后的字符串。

```
char* Strncat(char* s1,const char* s2,int n)
{
    int i=Strlen(s1);
    int j=0;
    while(j<n)
```

```
        s1[i++]=s2[j++];
    s1[i]='\0';
    return s1;

}
```

程序 6.19 自设字符串连接函数应用举例。

```
#include<stdio.h>
#include "userstring.h"

int main( )
{
    char a[20];
    char str[40]="love study";
    const char *p="read books forever";

    printf("str:");
    Puts(Strcat(str,"and"));      //love study and

    printf("str:");
    Puts(Strncat(str,p,10));     //love study and read books

    return 0;
}
```

程序运行结果:

```
str:love study and
str:read boooks and read books
```

6.4.5 设计字符串大小写函数

(1) 将字符串 s 中的小写字符改成大写字符,返回指针 s。

```
char* Strupr(char *s)
{
    int i=0;
    while(s[i]!='\0')
    {
        if(s[i]>96&&s[i]<123)            //小写字母代码
```

```
            s[i]=s[i]-32;         //减 32 就是大写字母代码
        i++;
    }
    return s;
}
```

（2）将字符串 s 的大写字符改为小写字符，返回指针 s。

```
char* Strlwr(char * s)
{
    int i=0;
    while(s[i]!='\0')
    {
        if(s[i]>64&&s[i]<91)      //大写字母代码
            s[i]=s[i]+32;         //加 32 就是小写字母代码
        i++;
    }
    return s;

}
```

程序 6.20 自设字符串大小写函数应用举例。

```
#include<stdio.h>
#include "userstring.h"

int main()
{
    char str[15]="love study";

    Puts(Strupr(str));
    Puts(Strlwr(str));

    return 0;
}
```

程序运行结果：

```
LOVE STUDY
love study
```

6.4.6 设计字符串比较函数

(1)将字符串 s1 和 s2 的字符从前往后逐个比较,都相等时返回 0;不等时,停止比较,前者大时返回 1,后者大时返回 -1。

```
int Strcmp(const char *s1,const char *s2)
{
    int i=0;              //索引
    while(s1[i]!='\0'&&s2[i]!='\0')
    {
        if(s1[i]!=s2[i])
            break;
        i++;
    }
    if(s1[i]=='\0'&&s2[i]=='\0')
            return 0;
    return(s1[i]<s2[i]?-1 : 1);
}
```

(2)将字符串 s1 和 s2 的前 n 个字符从前往后逐个比较,都相等时返回 0,不等时,停止比较,前者大时返回 1,后者大时返回 -1。

```
int Strncmp(const char* s1,const char* s2,int n)
{
    int i=0;              //索引
    while(i<n)
    {
        if(s1[i]!=s2[i])
            break;
        i++;
    }
    if(i==n)
      return 0;
    return(s1[i]<s2[i]?-1 : 1);
}
```

程序 6.21 自设字符串比较函数应用举例。

```
#include<stdio.h>
#include "userstring.h"
```

```
int main()
{
    char str1[15]="love study";
    char str2[15]="love books";

    printf("str1 with str2:%d\n",Strcmp(str1,str2));
    printf("str2 with str1:%d\n",Strcmp(str2,str1));
    printf("str1 with str2 in 4:%d\n",Strncmp(str1,str2,4));
    return 0;
}
```

程序运行结果:

```
str1 with str2:1
str2 with str1:-1
str1 with str2 in 4:0
```

6.4.7 设计字符查找函数

(1) 在字符串 s 中查找第一个出现的字符 ch,并返回该字符指针,不存在时,返回指针 0。

```
const char* Strchr(const char* s,int ch)
{
    const char* p=s;
    while(*p!='\0')
    {
        if(*p==ch)
            return p;
        p++;
    }
    return 0;                //return NULL;
}
```

(2) 在字符串 s 中查找最后一个出现的字符 ch,并返回该字符指针,不存在时,返回指针 0。

```
const char* Strrchr(const char* s,int ch)
{
    const char* p=s+Strlen(s)-1;
    while(p!=s)
    {
        if(*p==ch)
```

```
            return p;
        p--;
    }
    return 0;            //return NULL;
}
```

程序 6.22 自设字符查找函数应用举例。

```
#include<stdio.h>
#include "userstring.h"

int main( )
{
    char str[50]="we love study and love books";
    Puts(Strchr(str,'l'));
    Puts(Strrchr(str,'l'));
    return 0;
}
```

程序运行结果:

```
love study and love books
love books
```

6.5 函数返回指针

字符串有很多基本操作函数的返回值类型都是指针,例如函数 strcpy( )、strcat( )、strupr( )、strchr( )。但是这里隐含一个问题:返回的指针是否有效?如果一个对象是函数的自变量,即函数定义或声明的对象,那么该对象的生存周期是一次函数执行时间,即对象从函数调用时生成,返回主调函数时撤销,返回这种对象的地址是没有意义的。例如:

```
#include<stdio.h>
char* func( )
{
    char a[50]="happy life";
    a[0]=a[0]-32;          //首字符变大写
    return a;
}
int main( )
{
```

```
    puts(func());           //输出的是乱码
    return 0;
}
```

函数 func( )的返回值是字符串指针 a,而字符串空间即数组 a 是该函数的自变量,该变量在函数调用结束,返回主调函数时由系统撤销,这时的指针已经是无意义的指针,所以函数 puts( )输出的是乱码。

如果数组 a 是主调函数的自变量,就没有问题了,如下所示:

```
#include<stdio.h>
char* func(char *c)
{
    c[0]=c[0]-32;           //首字符变大写
    return c;
}
int main()
{
    char a[50]="happy life";
    puts(func(a));          //Happy life
    return 0;
}
```

虽然函数 func( )的返回值依然是字符串指针,但是它指向的对象是数组 a,而 a 是主调函数 main( )的自定义对象,它的生命周期是主调函数的执行时间,函数 func( )执行完之后,该对象依然存在。

练习

一、简要回答以下问题。

1. 为什么说字符串是特殊的数组?
2. 为什么说字符串是特殊的顺序表?
3. 数字串字面常量和数值字面常量有什么不同?
4. 一个空串与含有一个空格的字符串有什么不同?
5. 字符串字面常量赋给数组和赋给指针有什么不同?
6. 为什么整型字面常量不能传址,而字符串字面常量可以传址?
7. 为什么要编写字符串基本函数?

二、判断。

已知:char a[50]="hard study";

```
char *p=" happy life";
```

判断下面的语句哪些是正确的。

1. gets(p);
2. printf("%d\n",strlen(a));
3. printf("%d\n",strlen(p));
4. printf("%d\n",strcmp(a,p));
5. printf("%d\n",strcmp(p,a));
6. printf("%d\n",strcmp("hard study",p));
7. strcpy(a," happy life");
8. strcpy(a,p);
9. strcpy(" happy life",a);
10. strcpy(p,a);
11. puts(a);
12. puts(p);
13. puts(" happy life");
14. strupr(a);
15. strupr(p);
16. strupr(" happy life");
17. printf("%c\n",*strchr("hard study",'a'));
18. printf("%c\n",*strchr(p,'a'));

三、编写程序。

1. 字符串是特殊的数组,在字符串的基本函数设计中,大都使用索引方法。请用指针方法重新编写这些基本函数的代码。

2. 编写字符串匹配函数。

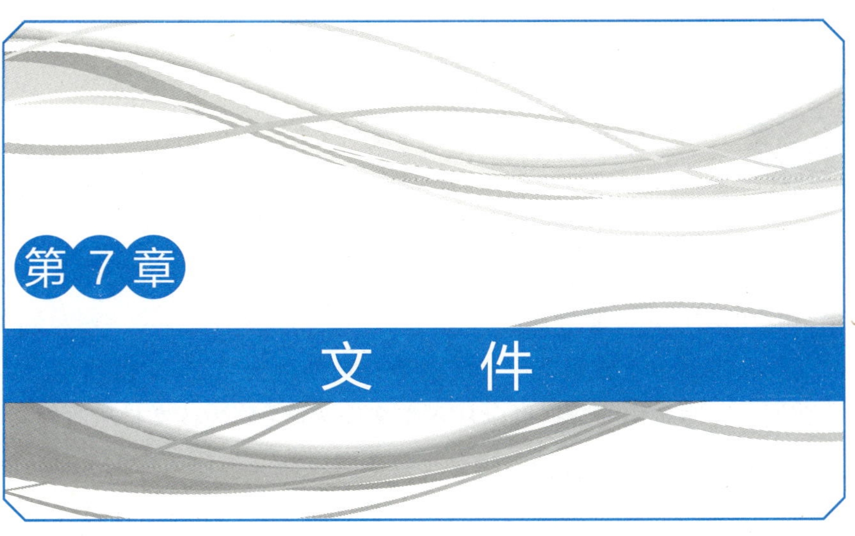

第 7 章 文 件

文件是特殊的顺序表。

数据常常需要从一个位置“流向”另一个位置，这种数据的流动称为数据流，简称流。每一个具体的数据流总是和某一个设备或外部介质有关，例如，数据从键盘读入程序，从程序输出到显示器或打印机，等等，这种与数据流有关的设备和介质统称为**文件**。

7.1 文件指针

每一个文件都对应一个符号化的文件指针，例如，键盘对应 stdin，显示器对应 stdout，打印机对应 sprn。数据流通过文件指针与一个具体的设备或介质相连。从键盘输入，在显示器输出，相应的文件指针通常省略。

下面主要讨论磁盘文件。磁盘是一种外部介质，与键盘和显示器不同，它可以持久地保存数据。程序所用的数据可以从磁盘文件读取（称为读文件），程序运行的结果可以存到磁盘文件（称为写文件）。这种专门存放数据的磁盘文件称为**数据文件**。程序源代码、编译运行之后的目标代码和可执行代码都可以存为磁盘文件，分别称为**源程序文件**、**目标文件**和**可执行文件**。

数据流的组织形式分为**文本流**和**二进制流**，前者表示字符序列，后者表示字节序列。例如，实数 136 467.567 89，如果表示字符序列，就是一个文本流，共占 12 个字节（一个字符对应一个 ASCII 码，每一个 ASCII 码占一个字节）；如果表示一个实数，就是二进制流，而且无论多大，所占空间大小都是确定的，4 个字节或 8 个字节，因编译系统而定。

与文本流和二进制流对应的磁盘文件分别称为**文本文件**和**二进制文件**。

7.2 文件打开与关闭

每一次对磁盘的读写都要移动磁头，以寻找磁道扇区。若程序中的每一次读写操作都对应一次实际的磁盘访问，则要花费很多读写时间，而且对磁盘的损耗大。为了节省时间和设备，系统在内存中为程序所需要的每一个文件开辟一个“缓冲区”。当程序从磁盘文件读取数据时，一次将一批数据送到缓冲区，然后将缓冲区的数据传给程序；向磁盘文件输出时，先将程序中的数据送到缓冲区，待缓冲区装满后，再一次性传给磁盘文件，如图 7-1 所示。这种文件读写机制称为缓冲文件系统输入输出，也称**标准输入输出**（标准 I/O）。

文件输入输出缓冲区等价于数组，对数组状态信息的管理目前有顺序表 SeqList，对缓冲区状态信息的管理也需要一种结构，称为文件 FILE。例如，缓冲区大小和地址、文件当前的读写位置、缓冲区中未处理的字节数等。记录这些信息的对象都包含在**文件结构**中，如下所示：

图 7-1 标准输入输出

```
typedef struct
```

```
{
    short           level;      // 文件缓冲区"满"或"空"的标志
    unsigned        flags;      // 文件状态标志
    char            fd;         // 文件描述符
    unsigned char   hold;       // 若无文件缓冲区,则不读取数据
    short           bsize;      // 文件缓冲区大小
    unsigned char   *buffer;    // 文件缓冲区位置
    unsigned char   *curp;      // 指向文件缓冲区当前数据的读指针
    unsigned        istemp;     // 临时文件指示器
    short           token;      // 用于有效性检验
} FILE;
```

一个文件对应一个动态的 FILE 结构对象,创建这个对象称为打开文件,对应的系统函数如下:

```
FILE * fopen( char *filename,char *mode );
```

其中,filemame 是磁盘文件名,mode 是文件使用方式(见表 7-1),返回值是 FILE 结构对象地址。例如:

```
FILE *fp;
fp=fopen("D:\\poem.txt","r");
```

打开 D 盘根目录下名为 poem.txt 的文本文件,从该文件中读取数据。

表 7-1　文件使用方式

文件使用方式	含义
"r"	以输入(读)方式打开一个文本文件
"w"	以输出(写)方式打开一个文本文件
"a"	以输出追加方式打开一个文本文件
"r+"	以读/写方式打开一个文本文件
"w+"	以读/写方式建立一个新的文本文件
"a+"	以读/写追加方式打开一个文本文件
"rb"	以输入(读)方式打开一个二进制文件
"wb"	以输出(写)方式打开一个二进制文件
"ab"	以输出追加方式打开一个二进制文件
"rb+"	以读/写方式打开一个二进制文件
"wb+"	以读/写方式建立一个新的二进制文件
"ab+"	以读/写追加方式打开一个二进制文件

说明：

（1）当以“r”方式打开一个文本文件时，该文件必须存在，否则，文件不能打开。正常打开文件后磁盘文件指针指向文件头。

（2）当以“w”方式打开一个文本文件时，若该文件不存在，则按指定的文件名建立新的；若该文件已存在，则删去旧的，建立新的。正常打开文件后磁盘文件指针指向文件头。

（3）当以“a”方式打开一个文本文件时，该文件必须存在，否则，文件不能打开。正常打开文件后磁盘文件指针指在文件尾以便于追加内容。

（4）当以“r+”方式打开一个文本文件时，该文件必须存在，否则，文件不能打开。正常打开文件后磁盘文件指针指向文件头。打开之后，可以读取数据，也可以写入数据。

（5）当以“w+”方式打开一个文本文件时，若该文件不存在，则按指定的文件名建立新的；若该文件已存在，则删去旧数据。正常打开文件后磁盘文件指针指向文件头。打开之后，可以读取数据，也可以写入数据。

（6）当以“a+”方式打开一个文本文件时，该文件必须存在，否则，文件不能打开。正常打开文件后磁盘文件指针指向文件尾以便于追加内容。打开之后，可以读取数据，也可以写入数据到文件尾。

（7）当打开方式中有“b”时表示打开的是二进制文件，对二进制文件的使用方式与对文本文件的使用方式对应相同。

（8）如果因种种原因，文件没有打开，fopen( )返回值是指针0值(NULL)。因此，打开文件的完整语句应该是

```
FILE *fp;
fp=fopen("D:\\record\\s.txt","r");
if(! fp)
{
      printf("can't open file s.txt \n");
      exit(1);
}
```

或者

```
FILE *fp;
if(!(fp=fopen("D:\\record\\s.txt","r")))
{
      printf("can't open file s.txt \n");
      exit(1);
}
```

（9）使用文件完毕，要释放文件缓冲区，这是关闭文件，相应的系统函数如下：

```
int fclose(FILE *fp);
```

其中fp是指向文件的指针。成功关闭文件，返回0值，否则返回非0值。

在执行写操作之后关闭文件，系统会将文件缓冲区的剩余数据写入文件。如果不关闭，就会丢失这批数据（作为练习，编程检验）。

（10）标准输入文件（键盘）和标准输出文件（显示器）都由系统负责自动打开和关闭。

7.3 文件的读写

本节主要介绍磁盘文件的读写函数。

7.3.1 字符的读写

字符读写函数处理文本流，以字符为单位读写，函数声明如下：

```
int fputc(int c,FILE *fp);
int fgetc(FILE *fp);
```

函数 fputc( )将字符 c 写入文件 fp 的数据指针所指向的当前位置。若成功，则返回 c，否则返回 EOF(-1)。函数 fgetc( )从文件 fp 的数据指针指向的当前位置读取一个字符作为返回值。

每执行一次读操作或写操作，文件的数据指针都会自动后移一个字节，以便读写下一个字符。

字符型数据的存储格式和一个字节的整型数据相同，因此 fgetc( )的返回值是整型，fputc( )的形参 c 是整型。

程序 7.1 从键盘输入一段文本，改成大写，写入磁盘文件 D:\\poem.txt。

```
#include<stdio.h>
#include<stdlib.h>  //包含 exit
#include<string>    //C 文本串头文件
int main()
{
    char ch;
    FILE* writefile;

    writefile=fopen("D:\\poem.txt","w");
    if(!writefile)
    {
        printf("file cannot be opened");
        exit(1);
    }
```

```
    printf("Enter a text (to end with '#'):\n");    //输入提示:输入一段文本(以 #// 结束)
    ch=getchar();                                    //读取第一个字符
    while(ch!='#')
    {
        if(islower(ch))                              //如果是小写字符
            ch=toupper(ch);                          //改大写字符
        fputc(ch,writefile);                         //将读入的字符写入文件
        ch=getchar();                                //读取下一个字符
    }
    fclose(writefile);
    return 0;
}
```

程序运行结果:

```
Enter a text (to end with '#'):
you laugh and
the world laugh with you
you weep and
you weep alone.#
```

输出结果如图 7–2 所示。

图 7–2　输出文件

程序 7.2　从磁盘文件 D:\\poem.txt 读取数据(见图 7–2),在显示器上输出。

```
#include<stdio.h>
#include<stdlib.h>          //包含 exit
```

```
int main( )
{
    char ch;

    FILE* readfile;
    readfile=fopen("D:\\poem.txt","r");
    if(! readfile)
    {
        printf("file cannot be opened");
        exit(1);
    }

    ch=fgetc(readfile);           //读取第一个字符
    while(! feof(readfile))       //数据是否读取完
    {
        putchar(ch);              //输出字符
        ch=fgetc(readfile);       //读取下一个字符
    }
    printf("\n");

    fclose(readfile);
    return 0;
}
```

程序运行结果:

```
YOU LAUGH AND
THE WORLD LAUGH WITH YOU
YOU WEEP AND
YOU WEEP ALONE.
```

程序分析:

函数 feof( )的功能是,若数据指针已经到数据尾,则返回非 0 值,否则返回 0。

7.3.2 字符串的读写

字符串读写函数处理文本流(文本文件),以串为单位读写,函数声明如下:

```
int fputs(char *s,FILE *fp);
char *fgets(char *s,int n,FILE *fp);
```

函数 fputs( )将字符串 s 舍去串结束符 '\0' 之后写入文件 fp 的数据指针指向的当前位置，若成功，则返回一个非负数，否则，返回 EOF(-1)。

函数 fgets( )从文件 fp 的数据指针指向的当前位置开始，最多读取 n-1 个字符，末尾加 '\0'。具体说来，有以下几种情况。

(1) 若在遇到换行符或文件结束符之前，已经读取了 n-1 个字符，则读取结束，加上串结束符 '\0' 组成字符串，存入 s 指向的内存区。

(2) 若提前遇到换行符，则读取结束，在换行符之后加上串结束符 '\0' 组成字符串。换行符是读取字符。

(3) 若提前遇到文件结束符，则读取结束，将文件结束符换为串结束符 '\0' 组成字符串。

(4) 若读取正常结束，则返回值是字符串指针 s，否则返回指针 0 即 NULL。

程序 7.3 以字符串读取方式，从磁盘文件 D:\\poem.txt 读取数据(见图 7-2)，改为小写字符，写入磁盘文件 D:\\copy.txt。

```
#include<stdio.h>
#include<stdlib.h>
#include<string.h>
int main( )
{
    char s[10];

    FILE* readfile;
    FILE* writefile;
    readfile=fopen("D:\\poem.txt","r");
    if(fread==NULL)
    {
          printf("cannot open file code.txt");
          exit(1);
     }

    writefile=fopen("D:\\copy.txt","w");
    if(writefile==NULL)
    {
          printf("cannot open file code.txt");
          exit(1);
     }

    while(! feof(readfile))              //数据是否读取完
```

```
    {
        fgets(s,10,readfile);        //一次最多读取 9 个字符
        strlwr(s);                   //大写改小写
        fputs(s,writefile);
    }

    fclose(readfile);
    fclose(writefile);

    return 0;
}
```

结果如图 7-3 所示。

图 7-3 程序 7.3 的结果

7.3.3 格式读写

在键盘文件和显示器文件上的格式读写是分别通过标准库函数 scanf( )和 printf( )实现的，只是隐藏了相应的文件指针 stdin 和 stdout。假设定义一个结构和该结构的对象：

```
typedef struct                  //结构
{
    long unsigned id;           //学号
    char name[20];              //姓名
    double grades;              //成绩
}Student;
Student st;                     //结构变量
```

键盘输入语句

```
scanf("%Ld%s%Lf",&st.id,&st.name,&st.grades);
```

等价于

```
fscanf(stdin,"%Ld%s%Lf",&st.id,&st.name,&st.grades);
```

显示器输出语句

```
printf("%Ld:\t%s\t%g\n",st.id,st.name,st.grades);
```

等价于

```
fprintf(stdout,"%Ld:\t%s\t%g\n",st.id,st.name,st.grades);
```

在 fscanf( )和 fprintf( )函数中,将键盘文件指针 stdin 和显示器文件指针 stdout 分别替换为磁盘文件指针,就得到磁盘文件的格式读写函数。

编写程序,从图 7–4(a)所示的数据文件 student.txt 读取数据,写入文件 copy.txt,写入格式如图 7–4(b)所示。

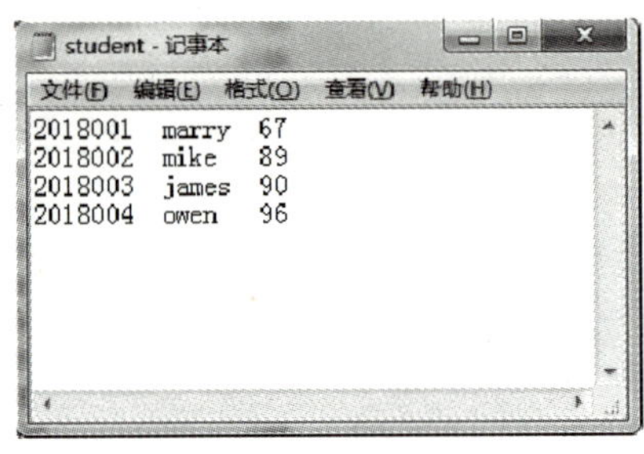

(a) 数据文件student.txt

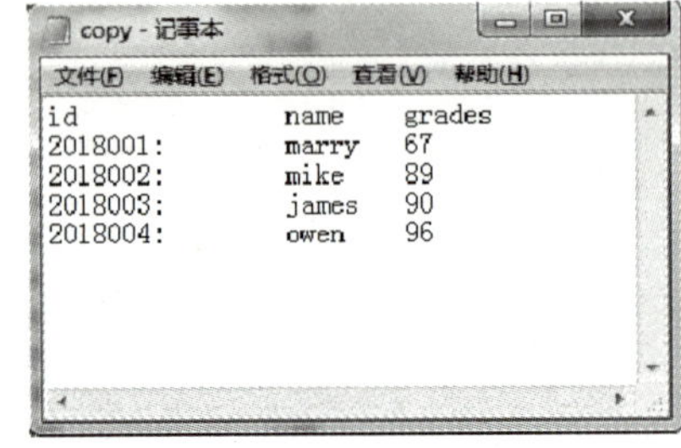

(b) 数据文件copy.txt

图 7–4 磁盘文件

程序 7.4 读取文件 student.txt(见图 7–4(a)),写入文件 copy.txt(见图 7–4(b))。

```
#include<stdio.h>
#include<stdlib.h>                          //包含 exit
typedef struct
{
    long unsigned id;                       //学号
    char name[20];                          //姓名
    double grades;                          //成绩
} Student;
int main()
{
    Student s;

    FILE* readfile;
    FILE* writefile;
    readfile=fopen("D:\\student.txt","r");  //读取文本文件
    if(!readfile)
    {
        printf("st cannot be opened");
```

```
        exit(1);
    }

    writefile=fopen("D:\\copy.txt","w");      //写入文本文件
    if(!writefile)
    {
        printf("copy cannot be opened");
        exit(1);
    }

    fprintf(writefile,"id\t\tname\tgrades\n");

    fscanf(readfile,"%Ld%s%Lf",&s.id,&s.name,&s.grades);
    while(!feof(readfile))                     //数据是否读取完
    {
        fprintf(writefile,"%ld:\t%s\t%g\n",s.id,s.name,s.grades);
        fscanf(readfile,"%Ld%s%Lf",&s.id,&s.name,&s.grades);
    }

    fclose(readfile);
    fclose(writefile);

    return 0;
}
```

7.3.4 无格式读写

无格式读写也称**数据段读写**,主要用于二进制文件的处理。二进制文件是二进制数字流,是字节序列。所谓数据段读写是指按字节分段读写。以下是用于数据段读写的函数:

int fwrite(void *buffer,int size,int n,FILE *fp);

从程序数据区地址 buffer 开始,将连续 size 个字节作为一个数据段,一共 n 个数据段写入文件输出缓冲区,返回值是实际写入的数据段数量。

int fread(void *buffer,int size,int n,FILE *fp);

将文件输入缓冲区中连续 size 个字节作为一个数据段,一共 n 个数据写入 buffer 指向的程序数据区,返回值是实际读取的数据段数量。

程序 7.5 根据提示,从键盘输入一批学生记录,存储到二进制文件 st.rec。

```
#include<stdio.h>
#include<stdlib.h>                              //包含 atof 和 atol 声明

typedef struct
{
    long unsigned id;                           //学号
    char name[20];                              //姓名
    double grades;                              //成绩
}Student;

int main( )
{
    char ch;
    char num[80];                               //最长字符串长为 79
    Student st;

    FILE *writefile;
    writefile=fopen("D:\\st.rec","wb");         //以写的方式打开二进制文件
    if(!writefile)
    {
        printf("file cannot be opened");
        exit(1);
    }

    printf("Ready for Entering(y or n)?");
    ch=getchar( );
    if(ch=='n')
        return 0;
    fflush(stdin);                              //清空缓冲区

    while(1)
    {
        printf("id:     ");                     //输入提示:学号
        gets(num);                              //把学号按数字串读取
        st.id=atol(num);                        //atol 将数字串转化为长整型数
```

```
        printf("name:  ");                    //输入提示:姓名
        gets(st.name);

        printf("grades:");                    //输入提示:成绩
        gets(num);                            //把成绩按数字串读取
        st.grades=atof(num);                  //atof 将数字串转化为
                                              //双浮点型数

        fwrite(&st,sizeof(st),1,writefile);   //写入二进制文件

        printf("another(y/n)? ");             //输入 y 表示继续输入,
                                              //n 表示停止输入
        ch=getchar( );
        if(ch=='n')
            break;
        fflush(stdin);                        //清空缓冲区
    }
    fclose(writefile);
    return 0;
}
```

程序运行结果(粗体表示输入):

```
Ready for Entering(y or n)? y[Enter]
id:      2018001[Enter]
name:    marryEnter]
grades:  67Enter]
another(y/n)? y[Enter]
id:       2018002[Enter]
name:     mike[Enter]
grades:   89[Enter]
another(y/n)? y[Enter]
id:      2018003[Enter]
name:    james[Enter]
grades:  90[Enter]
another(y/n)? y[Enter]
id:      2018004[Enter]
name:    owen[Enter]
```

```
grades: 96[Enter]
another(y/n)? n[Enter]
```

程序分析：

(1) 函数fflush( )的功能是清空缓冲区。当函数getchar( )读取了y或n之后，输入缓冲区还留下回车符（也许还有其他字符）。如果不及时清理掉，就可能成为下一次读取的“垃圾”。

(2) 把输入的学号和成绩，先作为数字串读取，再转换为相应的类型，这样做是为了避免在混合输入时因输入缓冲区的残留问题而可能造成的读取错误。

程序7.6 读取二进制文件st.rec的数据，按照图7-4(b)的格式，分别输出到显示器和文本文件copy.txt。

```
#include<stdio.h>
#include<stdlib.h>                          //包含exit
typedef struct
{
     long unsigned id;                      //学号
     char name[20];                         //姓名
     double grades;                         //成绩
} Student;
int main( )
{
    Student s;

    FILE* readfile;
    FILE* writefile;
    readfile=fopen("D:\\st.rec","rb");      //读取二进制文件
    if(readfile==0)
    {
          printf("file cannot be opened");
          exit(1);
    }

    writefile=fopen("D:\\copy.txt","w");    //写入文本文件
    if(!writefile)
    {
          printf("copy cannot be opened");
          exit(1);
```

```
    }
    printf("id\t\tname\tgrades\n");
    fprintf(writefile,"id\t\tname\tgrades\n");

    fread(&s,sizeof(s),1,readfile);          //读取第一条记录到 s
    while (! feof(readfile))
    {
        printf("%ld:\t%s\t%g\n",s.id,s.name,s.grades);

        fprintf(writefile,"%ld:\t%s\t%g\n",s.id,s.name,s.grades);
        fread(&s,sizeof(s),1,readfile);      //读取下一条记录
    }

    fclose(readfile);
    fclose(writefile);
    return 0;
}
```

程序运行结果：

```
id              name    grades
2018001:        marry   67
2018002:        mike    89
2018003:        james   90
2018004:        owen    96
```

计算机中的所有数据，说到底，都是二进制数字串，一个数据段可能表示一个整数、一个浮点数、字符串、结构或者机器指令，具体表示什么，由上下文决定。类型是典型的上下文。

编写程序。

1. 实现文件的复制：把一个文件复制到另一个文件。

2. 有一个学生成绩表，其中的记录包括学号、数学成绩、程序设计成绩和总成绩，如图 7–5 所示。请通过键盘输入将它们存储到磁盘文件 science.txt 中，如图 7–6 所示。

3. 将磁盘文件 science.txt（见图 7–6）中总成绩大于 150 的学生记录选择出来，组成新的文本文件 science_sel.txt，结果如图 7–7 所示。

4. 用文件 science.txt（见图 7–6）中的学号和总成绩组成新的文本文件 science_pro，结果如图 7–8 所示。

学号	数学	程序设计	总成绩
2015001	70	80	150
2015003	60	70	130
2015005	90	80	170
2015007	80	80	160
2015010	70	85	155

图 7-5 学生成绩表

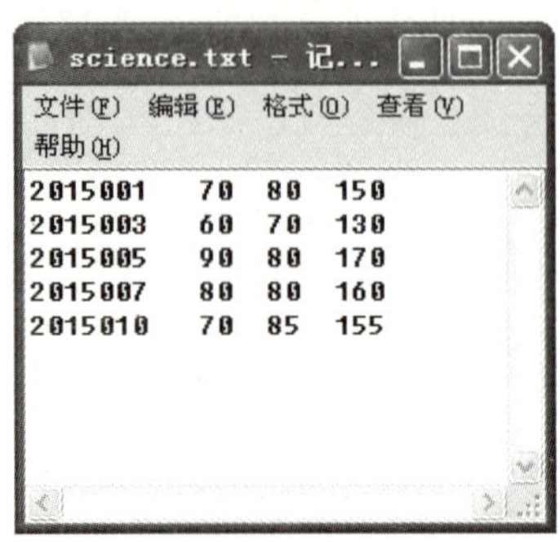

图 7-6 磁盘文件 science.txt

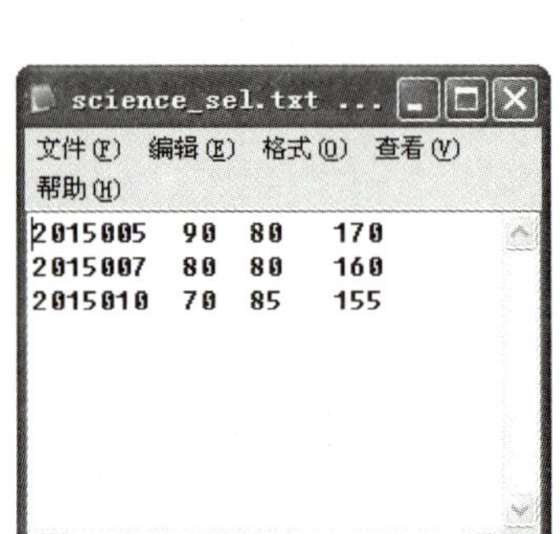

图 7-7 磁盘文件 science_sel.txt

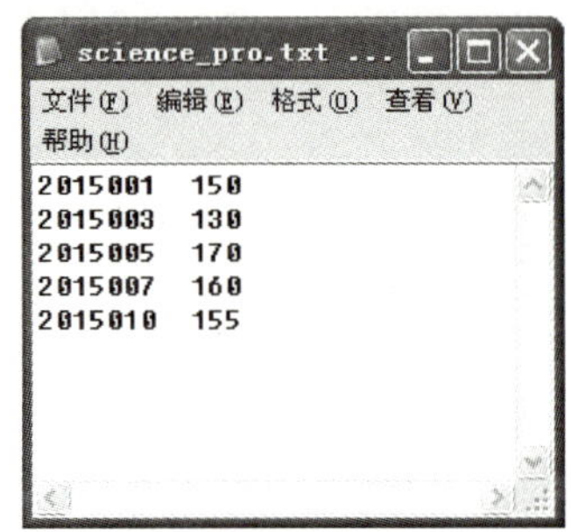

图 7-8 磁盘文件 science_pro

5. 已知文件 science.txt 和文件 liberal.txt，前者如图 7-6 所示，后者如图 7-9 所示；后者的记录由学生号（sno）、英语成绩（english）、哲学成绩（philosophy）和总成绩（total）构成。编写程序，将两个文件连接，组成新的文件 science_ liberal.txt，其中的记录由学号（sno）、数学成绩（math）、程序设计成绩（programming）、英语成绩（english）、哲学成绩（philosophy）和总成绩（total）组成，如图 7-10 所示。

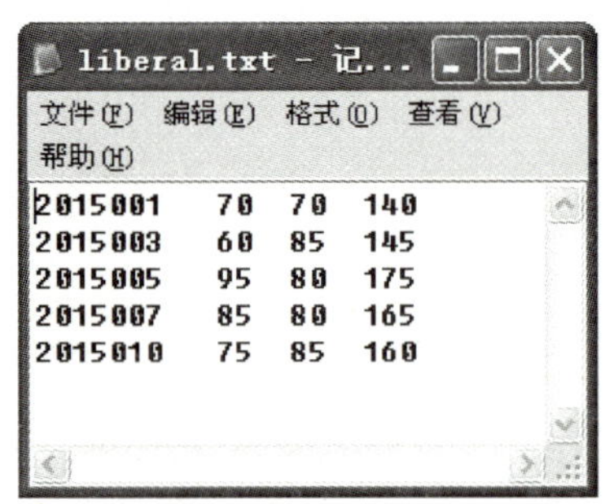

图 7-9 磁盘文件 liberal.txt

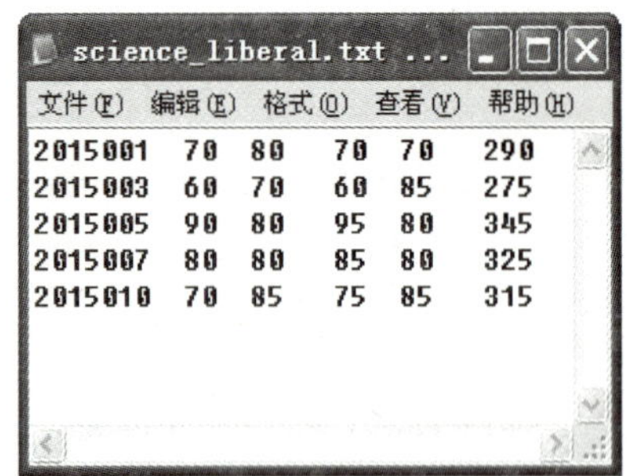

图 7-10 磁盘文件 science_ liberal.txt

6. 将一个文本文件中的数字和字符分别组成两个文本文件。

第8章 链表

链表是拓扑意义上的顺序表。

线性表的每一数据元素在顺序表中都对应一个数组元素，线性表的任意两个数据元素，如果具有前驱和后继关系，那么它们所对应的数组元素都是前后相邻的。这是线性连续存储模式，它有一个明显的不足：插入或删除一个数据元素，一般都需要大量的数据元素移动。这显然降低了效率。改进的方法是链表。

8.1 链表设计

链表由一系列结点构成,线性表中的每一个数据元素在链表中都对应一个结点。一个结点是一个结构对象,它有三个数据成员,一个用来存储数据元素,其他两个是结构指针,分别用来指向该数组元素的前驱和后继所在的结点。链表是线性离散存储结构。如图 8-1 所示。

图 8-1 链表局部图示

在链表中插入或删除一个数据元素,就是插入或删除一个结点,最多修改前后相邻的三个结点的指针。下面分步设计这个链表。

8.1.1 链表结点

1. 结点结构

```
typedef int Type;
struct Node                    //结点结构定义
{
    Type data;                 //存储数据元素
    struct Node* prev;         //结构指针,指向前驱所在结点
    struct Node* next;         //结构指针,指向后继所在结点
};
typedef struct Node Node;
```

结点结构如图 8-2 所示。

prev	data	next

图 8-2 结点结构

一个结构定义还没有完成,就用该结构声明或定义指针 prev 和 next,这合法吗?

声明或定义一个对象,只要类型是确定的,这个声明或定义就是合法的。一个类型怎样才算是确定的?一个类型如果可以确定对象的大小、存储格式和基本操作,这个类型就是确定的。下面用这个尺度来衡量一下:prev 和 next 是结构指针,而任何类型的指针,其大小都是 4 个字节(因系统而定);存储格式都相当于无符号整型;指针的基本操作是确定的,因为它指向的结构成员都是确定的。由上述可知,结构 Node 的定义是合法的。对比下面的结构定义,它是不合法的。

```
typedef int Type;
```

```
struct Node                              //结点结构定义
{
    Type data;
    struct Node  prev;                   //非法
    struct Node  next;                   //非法
};
```

对象 prev 和 next 不是结构指针，只是结构对象，而结构还没有定义完，所以结构对象的大小是不确定的。

2. 结点生成

从空间生成来看，链表与顺序表不同。顺序表可以一次性定义一组数组元素。而链表要一个结点一个结点地连接生成。生成一个结点的基本函数定义如下：

```
Node* GetNode(Type item,Node* p,Node* n) //生成一个结点，返回结点指针
{
    Node* re;
    re=(Node*)malloc(sizeof(Node));
    re->data=item;
    re->prev=p;
    re->next=n;
    return re;
}
```

其中，形参列表中的 item 是一个数据元素，p 和 n 是分别指向该数据元素的前驱和后继所在结点的指针。

3. 指针操作

指针的加减算数运算只适用于数组的线性连续存储模式。假设 p 是指向顺序表的一个数组元素的指针，自增运算一次（p++ 或 ++p），就得到指向后继数组元素的指针，自减运算一次（p-- 或 --p），就得到指向前驱数组元素的指针。但是这种运算不适用于链表的线性离散存储模式，只能用函数替代。假设 itr 是指向链表的一个结点的指针，通过该指针读取该结点的数据成员 next，就得到指向后继结点的指针，读取该结点的数据成员 prev，就得到指向前驱结点的指针。读取操作由下面的基本函数完成。

```
Node* GetNext(Node* itr){ return itr->next;}      //读取后继结点的指针
Node* GetPrev(Node* itr){ return itr->prev;}      //读取前驱结点的指针
Type GetData(Node* itr){ return itr->data;}       //读取结点的数据元素
```

将 Node 结构定义、基本函数的声明和定义封装在文件 node.h 中，其中要包含头文件 stdlib.h，因为结点生成函数用到标准库函数 malloc( )。结果如下所示：

```
//node.h
#ifndef NODE_H
```

```
#define NODE_H

#include<stdlib.h>
struct Node                                          //结点结构定义
{
    Type data;
    struct Node* prev;                               //结构指针
    struct Node* next;                               //结构指针
};
typedef struct Node Node;

Node* GetNode(Type item,Node* p,Node* n);
                                                     //生成一个结点
Type GetData(Node* itr){return itr->data;}           //读取结点的数据元素
Node* GetNext(Node* itr){return itr->next;}          //读取后继结点的指针
Node* GetPrev(Node* itr){return itr->prev;}          //读取前驱结点的指针

Node* GetNode(Type item,Node* p,Node* n)             //生成一个结点
{
    Node* re;
    re=(Node*)malloc(sizeof(Node));
    re->data=item;
    re->prev=p;
    re->next=n;
    return re;
}
#endif
```

程序 8.1 建一个链表结点。

```
#include<stdio.h>
typedef int Type;
#include"node.h"
int main()
{
    Node* p=GetNode(10,NULL,NULL);
    printf("%d\n",GetData(p));                       //读取结点的数据元素
    printf("%d\n",GetPrev(p));                       //读取前驱结点指针
```

```
    printf("%d\n",GetNext(p));              //读取后继结点指针

    return 0;
}
```

程序运行结果:

```
10
0
0
```

8.1.2 链表

链表结构如图 8-3 所示。

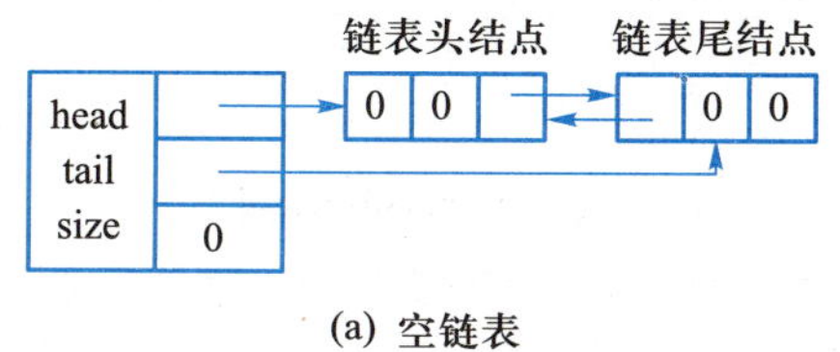

(a) 空链表

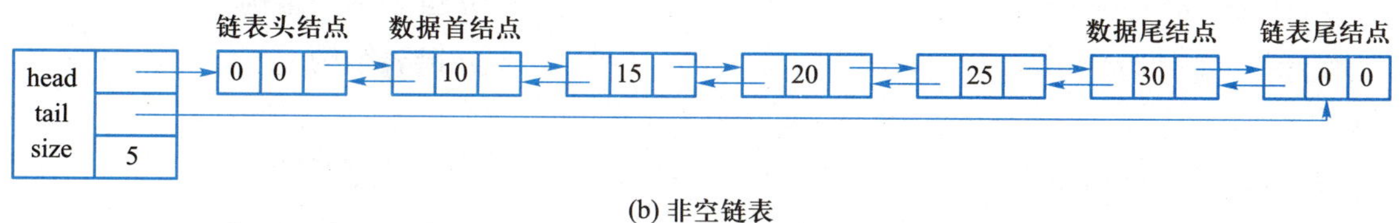

(b) 非空链表

图 8-3 整型链表示例

链表结点分数据结点和非数据结点。数据结点从数据首结点开始到数据尾结点结束,存储的数据元素从 10 到 30。非数据结点有两个,一个是链表头结点,另一个是链表尾结点,它们不存储数据元素,或存储“零元素”。

记录链表结点信息的是一个结构,它包含三个数据成员,一个是整型变量 size,记录链表的数据结点个数;两个是结点指针,一个是 head,指向链表头结点,另一个是 tail,指向链表尾结点。

设置链表头结点和链表尾结点主要有两个方面的意义。

(1)使插入和删除操作不用考虑特殊情形。以插入为例,无论把结点插入到数据结点区的什么位置,都可以归结为在两个结点之间插入。例如,按顺序插入一个数值为 5 的结点,应该插入到当前数据首结点 10 之前,这是在边界插入,属于特殊情形,可是因为有了链表头结点,所以相当于在链表头结点和数据首结点之间插入。再如,要按顺序插入一个数值为 35 的结点,应该插入到当前数据尾结点 30 之后,这也是在边界插入,也属于特殊情形,可是因为有了链表尾结点,所以相当于在数据尾结点和链表尾结点之间插入。

（2）作为指针移动区间的上下界。指向数据首结点的指针，如果沿着函数 GetNext( ) 的取值方向移动，移动区间是[head->next: tail)，移动方向从前往后，上界是指向链表尾结点的指针，如图 8-4（a）所示。指向数据尾结点的指针，如果沿着函数 GetPrev( ) 的取值方向移动，移动区间是(head: tail->prev]，移动方向从后往前，下界是指向链表头结点的指针，如图 8-4（b）所示。

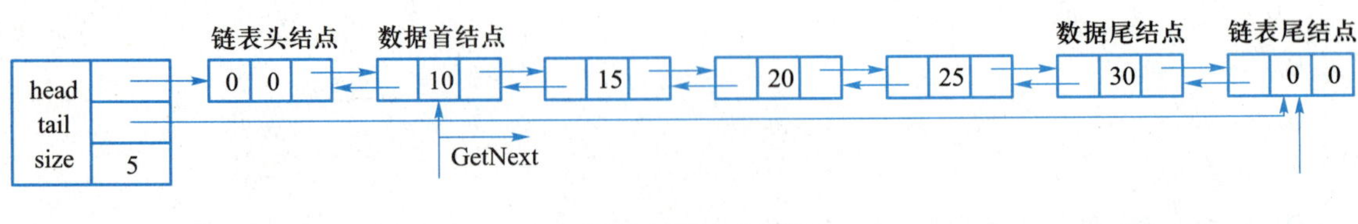

(a) [head->next:tail)

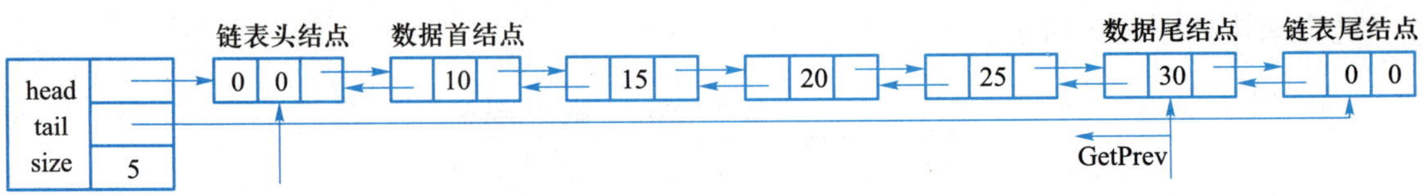

(b) (head: tail->prev]

图 8-4 指针移动区间

```
#include"node.h"                          //链表结点结构
typedef struct                             //链表结构
{
    Node *head;                            //头结点指针
    Node *tail;                            //尾结点指针
    int size;                              //数据结点个数
}List;

void InitList(List *L);                    //建空表
int Size(List* l){return l->size;}         //读取数据结点个数
int Empty(List* l){return l->size==0;}     //判断链表是否为空

void InitList(List* l)                     //建空表
{
    l->head=GetNode(0,NULL,NULL);          //NULL 是符号常量
    l->tail=GetNode(0,NULL,NULL);          //表示 0 指针
    l->head->next=l->tail;
    l->tail->prev=l->head;
    l->size=0;
```

```
}
```

把上述链表的结构定义、基本函数的声明和定义封装在文件 list.h 中。

程序 8.2 建空表。

```
#include<stdio.h>
typedef int Type;
#include"list.h"
int main()
{
    List L;                                  //链表结构对象
    InitList(&L);                            //建空链表
    printf("%d\n",Size(&L));                 //读取数据结点个数
    printf("%d\n",Empty(&L));                //是否为空表
    return 0;
}
```

程序运行结果：

```
0
1
```

8.1.3 链表插入

链表的插入有定点插入、首插和尾插。插入是在一个结点之前插入。首插和尾插是特殊情形：首插是在数据首结点之前插入，尾插是在链表尾结点之前插入。为此设计两个函数，分别读取数据首结点指针和链表尾结点指针。

```
Node* Begin(List *l){ return l->head->next;}    //读取数据首结点指针
Node* End(List *l){ return l->tail;}            //读取链表尾结点指针
```

定点插入是在一个结点的前面插入，相当于在该结点和该结点的前驱之间插入。定点插入函数定义如下：

```
//在指针 itr 指向的结点之前插入一个结点，插入结点的数值是 item 的值
//返回新插入的结点指针
Node* Insert(List *l,Node* itr,Type item)
{
    Node* p=itr;
    p->prev->next=GetNode(item,p->prev,p);
    p->prev=p->prev->next;
    l->size++;
    return p->prev;
```

```
}
```

示意图如图 8-5 所示。

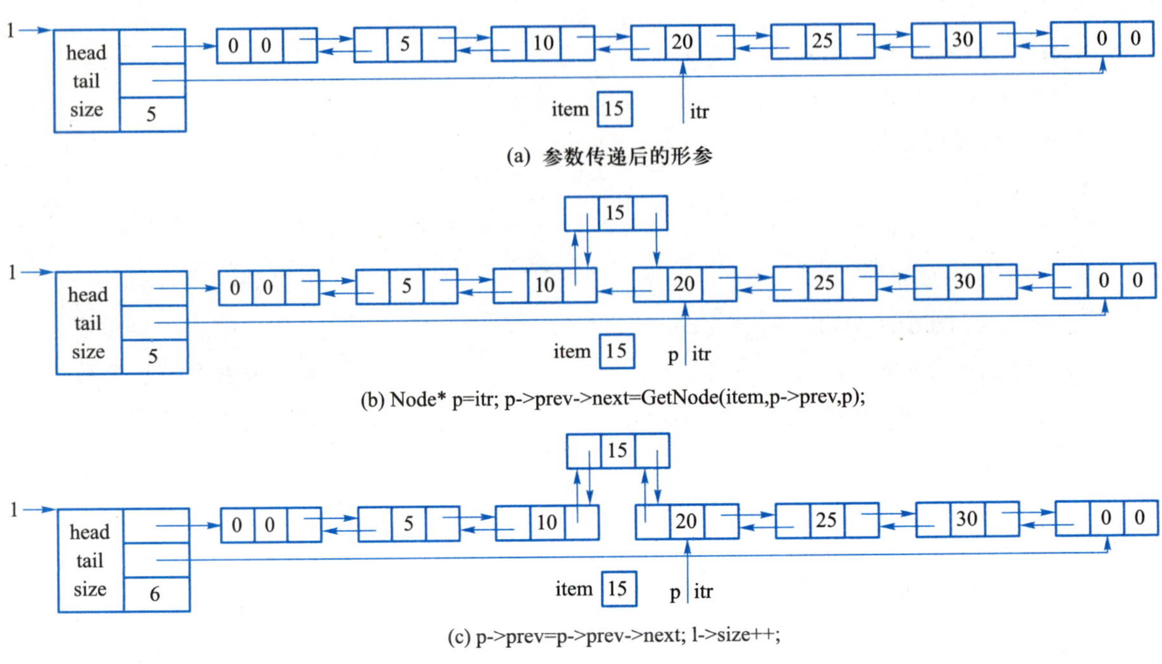

图 8-5 插入示例

首插是在数据首结点之前插入。如果链表为空，则在链表尾结点之前插入。插入的结点成为新的数据首结点。显然，首插是定点插入的特例。函数定义如下：

```
void PushFront(List* l,Type item){ Insert(l,Begin(l),item);}
```

尾插是在数据尾结点之后插入，插入的结点成为新的数据尾结点。尾插是定点插入的特例，因为相当于在链表尾结点之前插入。函数定义如下：

```
void PushBack(List* l,Type item){ Insert(l,End(l),item);}
```

函数设计：分别从前往后和从后往前输出链表。从前往后输出，如图 8-4(a)所示。从后往前输出，如图 8-4(b)所示。

```
void OutputList(List* l)                           //从前往后输出链表
{
    Node* first=Begin(l);                          //指向数据首结点
    Node* last=End(l);                             //指向链表尾结点
    for(;first!=last;first=GetNext(first))         //从前往后
        printf("%d\t",GetData(first));
    printf("\n");
}
void OutputListReverse(List* l)                    //从后往前输出链表
```

```
{
    Node* last=GetPrev(End(l));                          //指向数据尾结点
    Node* first=GetPrev(Begin(l));                       //指向链表头结点
    for(;last!=first;last=GetPrev(last))                 //从后往前
        printf("%d\t",GetData(last));
    printf("\n");
}
```

程序 8.3 将输入的一组整数插入链表,然后从前往后和从后往前分别输出。

```
#include<stdio.h>
typedef int Type;
#include"list.h"
void OutputList(List*l);
void OutputListReverse(List*l);
int main()
{
    int item;
    List L;

    InitList(&L);
//输入
    printf("Enter integers and enter 0 to end:\n");
    scanf("%d",&item);
    while(item!=0)//0 是前哨
    {
        PushBack(&L,item);
        scanf("%d",&item);
    }
//从前往后输出
    printf("Front to back:\n");
    OutputList(&L);
//从后往前输出
    printf("Back to front:\n");
    OutputListReverse(&L);

    return 0;
}
```

```
void OutputList(List*l)
{
                                        //代码见上
}
void OutputListReverse(List*l)
{
                                        //代码见上
}
```

程序运行结果(粗体表示输入):

```
Enter integers and enter 0 to end:
1 2 3 4 5 6 7 8 9 0[Enter]
Front to back:
1       2       3       4       5       6       7       8       9
Back to front:
9       8       7       6       5       4       3       2       1
```

程序分析:

链表中的结点都是调用函数 malloc( )动态生成的,程序需要在结束前调用一个基本函数来撤销这些结点,但是链表还没有这个基本函数。这个函数需要调用链表的删除操作,这是下一节的内容。

8.1.4 链表删除

链表的删除有定点删除、首删、尾删、撤销所有数据结点和撤销所有结点。

定点删除是删除一个指针指向的结点。函数定义如下:

```
//删除指针 itr 指向的结点,返回后继指针
Node* Erase(List *l,Node* itr)
{
    Node* p=itr;
    Node* re=p->next;
    p->prev->next=p->next;
    p->next->prev=p->prev;
    free(p);
    l->size--;
    return re;
}
```

示意图如图 8-6 所示。

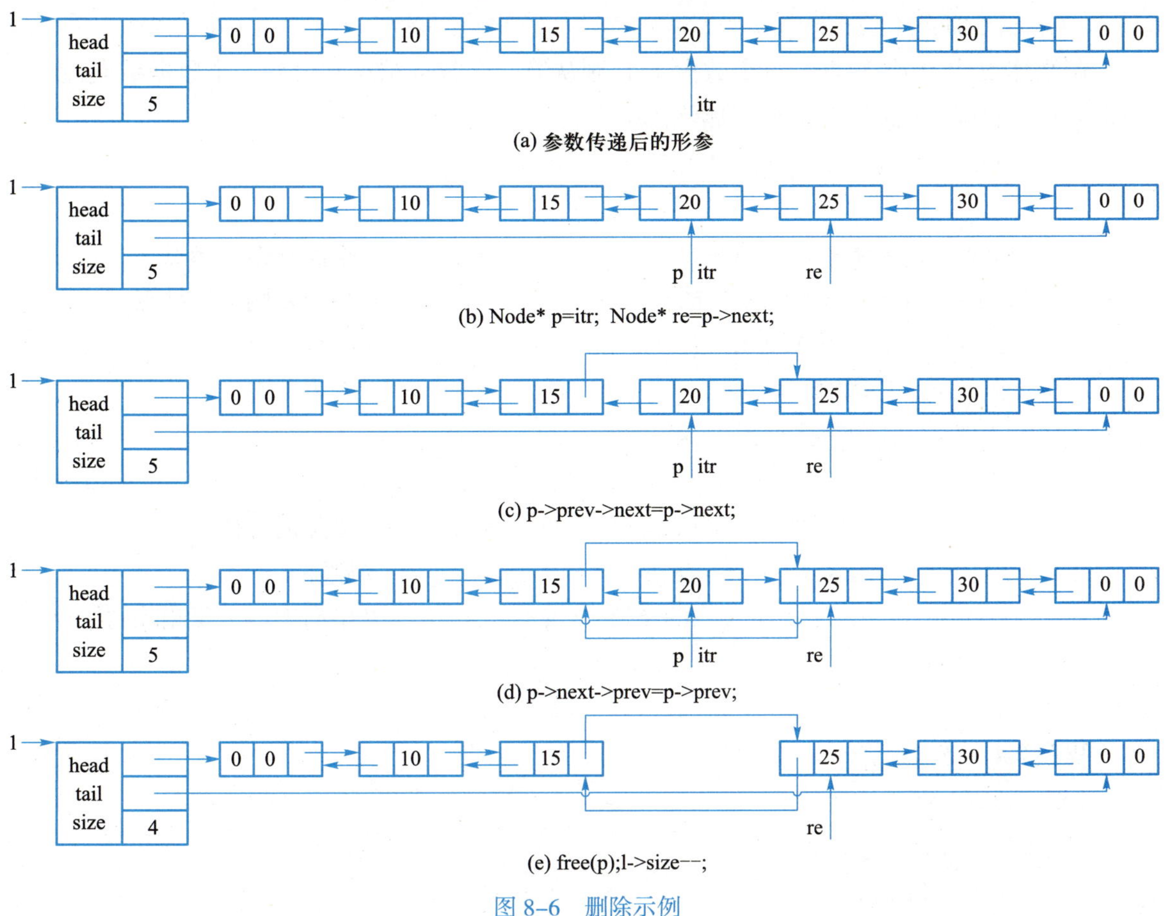

图 8-6 删除示例

其他删除都是定点删除的特例，分别定义如下：

```
void PopFront(List *l){ Erase(l,Begin(l));}        //首删。删除数据首结点
void PopBack(List *l){ Erase(l,GetPrev(End(l)));}
                                                   //尾删。删除数据尾结点
void Clear(List *l){while(!Empty(l))PopFront(l);}
                                                   //清表。清为空表
void FreeList(List *l){ Clear(l); free(l->head); free(l->tail);}
                                                   //准析构。删除所有结点
```

8.1.5 链表逆置

函数设计：将链表中的数据元素逆置。

函数头设计：将函数命名为 InvertList，表示链表元素逆置。将形参列表设为（List* l），表示逆置对象是指针 l 指向的链表。将返回值类型设为 void，表示无显式的返回值，即没有 return 语句带回的返回值。于是得到函数头：

```
InvertList(List* l)
```

函数体设计:如果数据结点个数大于1,则从第二个数据结点到最后一个数据结点,依次读取其中的数据,首插到链表,然后删除该结点。

```
void InvertList(List* l)
{
    Node* first=Begin(l);                  //指向数据首结点
    Node* next=GetNext(first);             //指向要删除的结点
    Node* last=End(l);                     //指针上界
    if(next!=NULL)                         //链表不空
        while(next!=last)
        {
            PushFront(l,GetData(next));    //删除前首插
            Erase(l,next);                 //删除
            next=GetNext(first);           //指向下一个要删除的结点
        }
}
```

程序 8.4 链表逆置。

```
#include<stdio.h>
typedef int Type;
#include"list.h"

void OutputList(List* l);
void InvertList(List* l);

int main()
{
    int item;
    List L;

    InitList(&L);                                  //建空链表
//输入
    printf("Enter integers and enter 0 to end:\n");
    scanf("%d",&item);
    while(item!=0)                                 //0是前哨
    {
        PushBack(&L,item);
```

```
        scanf("%d",&item);
    }
//逆置前
    printf("Before invert:\n");
    OutputList(&L);

//逆置后
    InvertList(&L);
    printf("After invert:\n");
    OutputList(&L);

    FreeList(&L);                                    //撤销链表结点

    return 0;
}

void OutputList(List* l)                             //输出链表
{
    Node* first=Begin(l);                            //指向数据首结点
    Node* last=End(l);                               //指向链表尾结点
    for(;first!=last;first=GetNext(first))           //从前往后
        printf("%d\t",GetData(first));
    printf("\n");
}

void InvertList(List* l)
{
    //代码见上
}
```

程序运行结果(粗体表示输入):

```
Enter integers and enter 0 to end:
1  2  3  4  5  6  7  8  9  0[Enter]
Before invert:
1       2       3       4       5       6       7       8       9
After invert:
9       8       7       6       5       4       3       2       1
```

8.2 链表声明与实现

```
#ifndef LIST_H
#define LIST_H

#include"node.h"                                   //链表结点结构
typedef struct                                      //链表结构 List
{
    Node *head;                                     //头结点指针
    Node *tail;                                     //尾结点指针
    int size;                                       //数据结点个数
}List;

void InitList(List *L);                             //准构造。建空表
int Size(List* l){return l->size;}                  //读取数据结点个数
int Empty(List* l){return l->size==0;}              //判断链表是否为空

//读取指针区间的边界
Node* Begin(List *l){return l->head->next;}         //读取数据首结点指针
Node* End(List *l){return l->tail;}                 //读取链表尾结点指针

//插入
Node* Insert(List *l,Node* itr,Type item);          //定点插入
void PushFront(List* l,Type item){Insert(l,Begin(l),item);}
                                                    //首插
void PushBack(List* l,Type item){Insert(l,End(l),item);}
                                                    //尾插

Node* Erase(List *l,Node* itr);   //删除指针 itr 指向的结点,返回后继指针
void PopFront(List *l){Erase(l,Begin(l));}          //首删
void PopBack(List *l){Erase(l,GetPrev(End(l)));}
                                                    //尾删
```

```
void Clear(List *l){while(!Empty(l))PopFront(l);}
                                    //清表
void FreeList(List *l){Clear(l);free(l->head);free(l->tail);}
                                    //准析构
void InitList(List* l)              //准构造
{
    l->head=GetNode(0,NULL,NULL);
    l->tail=GetNode(0,NULL,NULL);
    l->head->next=l->tail;
    l->tail->prev=l->head;
    l->size=0;
}

//在指针 itr 指向的结点之前插入一个结点,插入结点的数值是 item 的值
//返回新插入的结点指针
Node* Insert(List *l,Node* itr,Type item) //定点插入
{
    Node* p=itr;
    p->prev->next=GetNode(item,p->prev,p);
    p->prev=p->prev->next;
    l->size++;
    return p->prev;
}

//删除指针 itr 指向的结点,返回后继结点指针
Node* Erase(List *l,Node* itr)
{
    Node* p=itr;
    Node* re=p->next;
    p->prev->next=p->next;
    p->next->prev=p->prev;
    free(p);
    l->size--;
    return re;
}
```

```
#endif
```

8.3 Josephus 问题

Josephus 问题：n 个人围坐一圈，从某人开始，顺着一个方向，一个接着一个，从 1 数到一个步长为止，数到步长的人被淘汰。然后从下一个人开始继续这一过程。直到剩下一个人为止，这个人便是幸存者。每一次的步长都是 1 和 10 之间的随机数。

函数设计：模拟上述过程，而且输出参与者、步长、被淘汰者和幸存者。

函数头设计：将函数命名为 Josephus，直接表示所要模拟的过程。将形参列表设为(int n)，表示 n 个参与者。将返回值类型设为 void，表示无 return 语句表示的返回值。于是得到函数头：

```
void Josephus(int n)
```

函数体设计——步骤如下。

(1) 利用三个链表 Party、Loser 和 Odd，分别记录参与者、被淘汰者和随机步长。

(2) 给参与者编号，从 1 到 n，插入链表 Party，并输出。

(3) 从数据首结点开始数，指针 first 指向这个结点。用计数控制循环，数到步长者，便是被淘汰者，如果数到链表尾结点，就转到数据首结点。将淘汰者插入链表 Loser，然后从链表 Party 中删除。删除函数的返回值是被删除结点的后继指针，如果后继是链表尾结点，就要转到数据首结点。每一次步长都是随机数，都要插入链表 Odd。函数体定义如下：

```
void Josephus(int n)
{
    int counter;                                    //计数器
    int step;                                       //随机步长
    Node* first;
    Node* last;
//步骤(1)
    List Party;                                     //参与者
    List Loser;                                     //被淘汰者
    List Odd;                                       //随机步长
    InitList(&Party);
    InitList(&Loser);
    InitList(&Odd);
//步骤(2)
    for(counter=1;counter<=n;++counter)             //保存参赛者
```

```
        PushBack(&Party,counter);
    printf("Party:\n");                              //输出参赛者
    OutputList(&Party);
//步骤(3)
    srand(time(0));                                  //随机数种子函数
    first=Begin(&Party);                             //指向数据首结点
    last=End(&Party);                                //指向链表尾结点
    while(Size(&Party)>1)                            //直到剩下一个人
    {
        step=1+rand()%10;                            //随机步长
        PushBack(&Odd,step);                         //记录随机数
        for(counter=1;counter<step;++counter)        //选择被淘汰者
        {
                first=GetNext(first);
                if(first==last)                      //如果指向链表尾结点
                    first=Begin(&Party);             //转到数据首结点
        }
        PushBack(&Loser,GetData(first));             //记录淘汰者
        first=Erase(&Party,first);                   //返回删除结点的后继
        if(first==last)                              //如果指向链表尾结点
            first=Begin(&Party);                     //转到数据首结点
    }
//输出
    printf("Odds:\n");                               //输出随机步长
    OutputList(&Odd);

    printf("Losers:\n");                             //输出被淘汰者
    OutputList(&Loser);

    printf("Winner:\n");                             //输出幸存者
    printf("%d\n",*Begin(&Party));
//撤销链表结点
    FreeList(&Party);
    FreeList(&Loser);
    FreeList(&Odd);
```

```
    return;
}
```

程序 8.5 Josephus 问题。

```
#include<stdio.h>
#include<time.h>                                    //srand
typedef int Type;
#include"list.h"

void OutputList(List* L);
void Josephus(int n);

int main()
{
    int n;                                          //人数
//输入
    printf("Enter the number of people\n");
    scanf("%d",&n);
//处理
    Josephus(n);

    return 0;
}
void OutputList(List* l)                            //输出链表
{
    Node* first=Begin(l);                           //指向数据首结点
    Node* last=End(l);                              //指向链表尾结点
    for(;first!=last;first=GetNext(first))          //从前往后
        printf("%d\t",GetData(first));
    printf("\n");
}
void Josephus(int n)
{
    //代码见上
}
```

程序运行结果（粗体表示输入）：

```
Enter the number of people
```

```
9
Party:
1       2       3       4       5       6       7       8       9
Odds:
6       2       1       4       1       9       1       2
Losers:
6       8       9       4       5       7       1       3
Winner:
2
```

一、举例说明链表头结点和链表尾结点的意义。

二、判断下面的结构定义是否命法？

```
Struct Node
{  int data;
   Node* prev;
   Node* next;
};
typedef struct Node Node;
```

三、编写程序。

1. 编写函数,对链表实施选择排序。
2. 编写函数,实现链表复制。

第 9 章

二维数组和指针

二维数组是特殊的一维数组。

和线性表不同，一个矩阵中的数据元素在逻辑上有两个位置：行和列。如果说存储一个线性表需要一个数组，那么存储一个矩阵就需要一组数组。前者称为一维数组，后者称为二维数组。

9.1 二维数组

9.1.1 二维数组定义

二维数组是特殊的一维数组：这个数组的长度称为二维数组的**行数**；每一个数组元素还是一维数组，称为**行数组**。所有行数组都类型一致、长度相同。行数组的长度称为二维数组的**列数**。二维数组的定义格式如下：

类型 数组名 [行数] [列数]；

例如：

```
int a[3][5];
```

这是 3 行 5 列二维整型数组。作为特殊的一维数组，它有三个数组元素：a[0]，a[1]，a[2]，为行数组。每一个数组元素又是长度为 5 的数组。二维数组的所有元素如下所示：

```
a[0][0]  a[0][1]  a[0][2]  a[0][3]  a[0][4]  //行数组 a[0] 的元素
a[1][0]  a[1][1]  a[1][2]  a[1][3]  a[1][4]  //行数组 a[1] 的元素
a[2][0]  a[2][1]  a[2][2]  a[2][3]  a[2][4]  //行数组 a[2] 的元素
```

二维数组的每一个元素都有两个索引，第一个表示该元素所在的行，第二个表示该元素所在的列。索引都从 0 开始。

二维数组 a 可以用 a[0:2][0:4]或 a[0:3)[0:5)来表示。第一个区间是行索引区间，第二个区间是列索引区间。

9.1.2 二维数组初始化

```
int a[3][5]={{5,10,15,20,25},{30,35,40,45,50},{55,60,65,70,75}};
```

或

```
int a[][5]={{5,10,15,20,25},{30,35,40,45,50},{55,60,65,70,75}};
                                                    //行数可以省略
```

或

```
int a[3][5]={5,10,15,20,25,30,35,40,45,50,55,60,65,70,75};
                                                    //不提倡这种方法，因为行数
                                                      组没有划分
```

结果如图 9-1 所示。

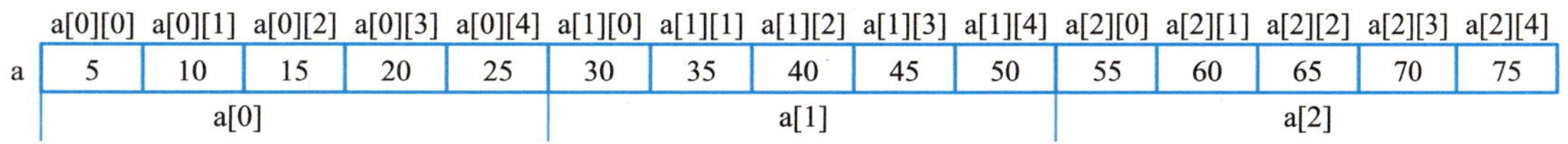

图 9-1 3 行 5 列二维整型数组 a

初始化数据不足，系统用 0 补充，例如：

```
int a[3][5]={{5,10,15},{30,35},{55}};
```

相当于

```
int a[3][5]={{5,10,15,0,0},{30,35,0,0,0},{55,0,0,0,0}};
```

当初始数据都为 0 时，可以写成

```
int a[3][5]={0};
```

程序设计：用二维数组存储如下矩阵，然后输出其转置矩阵。

$$\begin{bmatrix} 5 & 10 & 15 & 20 & 25 \\ 30 & 35 & 40 & 45 & 50 \\ 55 & 60 & 65 & 70 & 75 \end{bmatrix}$$

算法思想：按行优先输出矩阵，按列优先输出转置矩阵。

程序 9.1 输出一个矩阵和它的转置矩阵。

```
#include<stdio.h>
int main( )
{
    int a[3][5]={{5,10,15,20,25},{30,35,40,45,50},{55,60,65,70,75}};
    int row;                                   // 行数
    int col;                                   // 列数

    printf("the matrix:\n");                   // 按行优先输出原始矩阵
     for(row=0;row<3;row++)                    // 行数控制外层循环
    {
         for(col=0;col<5;col++)                // 列数控制内层循环
             printf("%d\t",a[row][col]);
         printf("\n");                         // 一行结束后输出换行符
    }

    printf("the transposed:\n");               // 按列优先输出转置矩阵
    for(col=0;col<5;col++)                     // 列数控制外层循环
    {
        for(row=0;row<3;row++)                 // 行数控制内层循环
```

```
            printf("%d\t",a[row][col]);
        printf("\n");                           //一列结束后输出换行符
    }
    return 0;
}
```

程序运行结果：

```
the matrix:
5    10   15   20   25
30   35   40   45   50
55   60   65   70   75
the transposed:
5    30   55
10   35   60
15   40   65
20   45   70
25   50   75
```

9.1.3 二维数组和指针

和一维数组元素的表示一样，二维数组元素的表示也依赖指针。举例说明：

```
int a[3][5]={{5,10,15,20,25},{30,35,40,45,50},{55,60,65,70,75}};
```

a 是一个特殊的一维数组，长度是 3，数组元素是 a[0]、a[1] 和 a[2]。在表示数组元素时，数组名 a 被转换为指向数组首元素 a[0] 的指针常量。但是 a[0]、a[1] 和 a[2] 也都是数组，而且都是长度为 5 的一维整型数组，类型是 int[5]，大小是 5 个整型对象的字节，共 20 个字节。a 作为指向 a[0] 的指针常量，类型是 int[5]，a 每加 1，表达式的值都增加 20，于是 a+1 是指向 a[1] 的指针常量，a+2 是指向 a[2] 的指针常量，如图 9-2 所示。

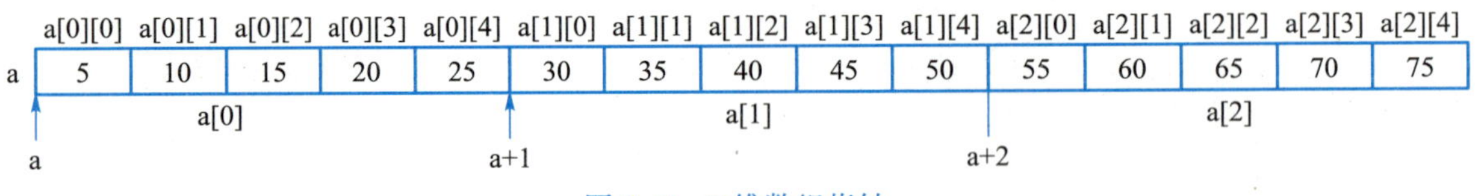

图 9-2 二维数组指针

a 作为指向 a[0] 的指针常量，类型是 int[5]，它赋值的指针变量其类型也应该是 int[5]，这种指针变量的定义或声明格式如下：

```
int(*p)[5];                     //类型为 int[5] 的指针 p
```

赋值

```
p=a;
```

或初始化

```
int(*p)[5]=a;
```

赋值之后，p+i 与 a+i 等价，p[i]与 a[i]等价（0 ≤ i<3）。

a[0]本身作为长度为 5 的一维整型数组，在表示数组元素时，被转换为指向 a[0][0]的指针常量，类型是 int。a[0]每加 1，表达式的值都增加一个整型对象的字节数 4，于是 a[0]+j 是指向 a[0][j]的指针（0 ≤ j<5）。a[1]和 a[2]类似。总之，a[i]+j 是指向 a[i][j]的指针（0 ≤ i<3，0 ≤ j<5），如图 9-3 所示。

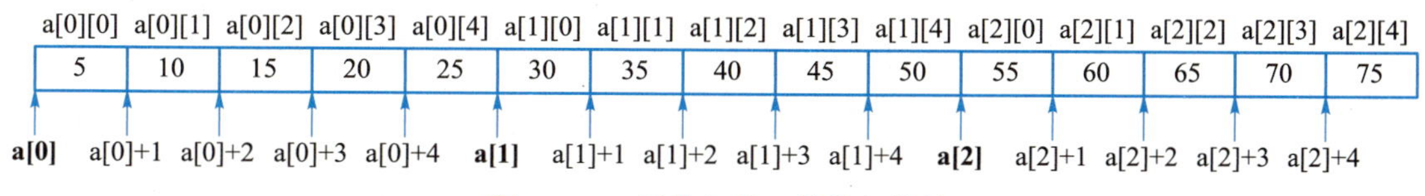

图 9-3 二维数组的一维数组指针

因为 p[i]与 a[i]等价（0 ≤ i<3），所以 p[i]+j 与 a[i]+j 等价（0 ≤ i<3，0 ≤ j<5）。

概括地讲，假设 T 表示一种类型，array 表示数组，pointer 表示指针。如果

```
T array[行数][列数];
T(*pointer)[列数];
pointer=array;
```

或

```
T(*pointer)[列数]=array;
```

那么 pointer+i 与 array+i 等价，pointer[i]与 array[i]等价，pointer[i]+j 与 array[i]+j 等价，pointer[i][j]与 array[i][j]等价（0 ≤ i< 行数，0 ≤ j< 列数）。

指针和数组是相互依赖的。在指针的定义中有一个数字表示列数，这个列数就是二维数组的列数。这种限定数组列数的指针称为**二维指针**。

程序 9.2 利用函数输出矩阵和转置矩阵。

```
#include<stdio.h>
void Matrix(int(*p)[5],int r);                    //输出 r 行 5 列矩阵
void Transpose(int(*p)[5],int r);                 //输出 r 行 5 列转置矩阵
int main()
{
    int a[3][5]={{5,10,15,20,25},{30,35,40,45,50},{55,60,65,70,75}};
    printf("the matrix:\n");
    Matrix(a,3);

    printf("the transposed:\n");
    Transpose(a,3);
    return 0;
```

```
}
void Transpose(int(*p)[5],int r)                    //输出 r 行 5 列转置矩阵
{
    int row;                                        //行数
    int col;                                        //列数
    for(col=0;col<5;++col)                          //列数控制外层循环
    {
        for(row=0;row<r;++row)                      //行数控制内层循环
            printf("%d\t",p[row][col]);
        printf("\n");                               //一行输出结束后输出换行符
    }
}
void Matrix(int(*p)[5],int r)                       //输出 r 行 5 列矩阵
{
    int row;                                        //行数
    int col;                                        //列数
    for(row=0;row<r;++row)                          //行数控制外层循环
    {
        for(col=0;col<5;++col)                      //列数控制内层循环
            printf("%d\t",p[row][col]);
        printf("\n");                               //一行输出结束后输出换行符
    }
}
```

程序运行结果：

```
the matrix:
5    10   15    20    25
30   35   40    45    50
55   60   65    70    75
the transposed:
5    30   55
10   35   60
15   40   65
20   45   70
25   50   75
```

程序分析：

变量的声明或定义应该尽可能把类型和变量名区分开来，但是二维指针的定义不是这样

的。例如：

```
int(*p)[5];
```

其实，理想的格式应该是

```
int[5]* p;
```

但是 C 语言没有采用这种格式。

9.2 二维数组和一维数组

二维指针有一个局限性，就是它限定列数。要克服这种局限性，可以把二维数组当作一维数组。

9.2.1　二维数组作为一维数组

二维数组，因为其元素一个挨着一个，所以可以等价于一维数组。举例说明：

```
int a[3][5]={{5,10,15,20,25},{30,35,40,45,50},{55,60,65,70,75}};
```

二维数组 a[0:3)[0:5)等价于一维数组 a[0][0:15)，其中 a[0]是指向首元素 a[0][0]的指针，15 是行数乘以列数的结果，类型是 int，如图 9–4 所示。

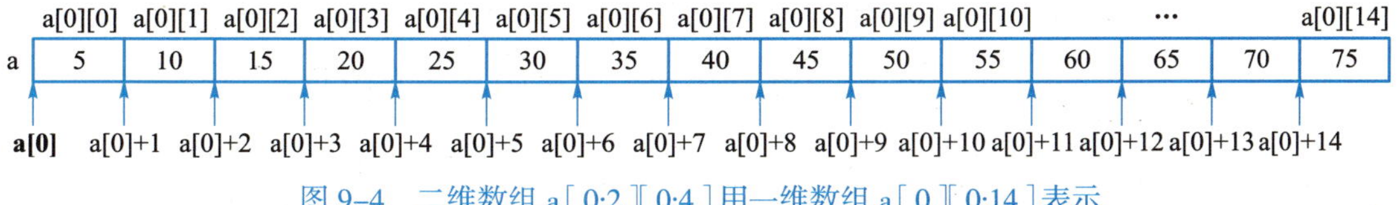

图 9–4　二维数组 a[0:2][0:4]用一维数组 a[0][0:14]表示

一维数组元素的索引表达式 a[0][i](0 ≤ i<15)可以转换为另一种形式 a[0][row*5+col](0 ≤ row<3，0 ≤ col<5)，其中 row 表示行，col 表示列。这种形式等价于二维数组元素的索引表达式 a[row][col]，即 a[0][row*5+col]与 a[row][col]等价。

程序 9.3　用指向一维数组的指针输出矩阵和转置矩阵。

```
#include<stdio.h>
void TransposeByOneDimension(int* p,int r,int c);
                                        //r 表示行数、c 表示列数
void MatrixByOneDimension(int* p,int r,int c);
                                        //r 表示行数、c 表示列数
int main()
{
    int a[3][5]={{5,10,15,20,25},{30,35,40,45,50},{55,60,65,70,75}};
    printf("the matrix:\n");
```

```
    MatrixByOneDimension(a[0],3,5);

    printf("the transposed:\n");
    TransposeByOneDimension(a[0],3,5);
    return 0;
}
void MatrixByOneDimension(int* p,int r,int c)
{
    int row;                                    //行数
    int col;                                    //列数
    for(row=0;row<r;++row)                      //行数控制外层循环
    {
        for(col=0;col<c;++col)                  //列数控制内层循环
            printf("%d\t",p[row*c+col]);
        printf("\n");                           //一行输出结束后输出换行符
    }
}
void TransposeByOneDimension(int* p,int r,int c)
{
    int row;                                    //行数
    int col;                                    //列数
    for(col=0;col<c;++col)                      //列数控制外层循环
    {
        for(row=0;row<r;++row)                  //行数控制内层循环
            printf("%d\t",p[row*c+col]);
        printf("\n");                           //一行输出结束后输出换行符
    }
}
```

9.2.2 马鞍点

矩阵中的一个数据元素，如果它是其行中最小元素和列中最大元素，就称为马鞍点。

函数设计：求一个矩阵的所有马鞍点。

函数头设计：将函数命名为 Saddle，表示马鞍点计算。将形参列表设计为(int*p, int r, int c)，表示计算对象是用一维指针 p 表示的 r 行 c 列数组。将返回值类型设为 void，表示无 return 语句表示的返回值。

函数体设计——算法：用一维数组 min 存储每行中的最小元素，一维数组 max 存储每列中的最大元素。一个元素 a[r][c]，如果既是行 r 中的最小者，又是列 c 中的最大者，即 min[r] 与 max[c] 相等（0 ≤ r<row，0 ≤ c<col，则是马鞍点（见图 9–5）。

max	6	3	5	3	5

min		6	(3)	5	(3)	4
	3	6	(3)	5	(3)	4
	3	4	(3)	4	(3)	4
	2	5	2	4	2	5

图 9–5 马鞍点示例

程序 9.4 求一个矩阵的所有马鞍点。

```
#include<stdio.h>
#include<stdlib.h>                          //malloc( )、exit( )
void Saddle(int* p,int r,int c);            // 求马鞍点,r 表示行数,c 表示列数
int main( )
{
     int a[3][5]={{6,3,5,3,4},{4,3,4,3,4},{5,2,4,2,5}};
     Saddle(a[0],3,5);                      // 调用函数计算马鞍点
     return 0;
}
void Saddle(int* p,int r,int c)             // 求马鞍点,r 表示行数,c 表示列数
{
    int row;                                // 行
    int col;                                // 列

    int* min=(int*)malloc(r*sizeof(int));
                                            // 建立动态一维数组
    int* max=(int*)malloc(c*sizeof(int));
    if(min==NULL||max==NULL)
    {
        printf("allocation failure");       // 错误提示:动态分配失败
        exit(1);                            // 终止程序
    }

    for(row=0;row<r;++row)                  // 将每行最小者存入 min
    {
```

```
        min[row]=p[row*c+0];
        for(col=1;col<c;++col)
            if(p[row*c+col]<min[row])
                min[row]=p[row*c+col];
    }

    for(col=0;col<c;++col)                 //将每列最大者存入max
    {
        max[col]=p[0*c+col];
        for(row=1;row<r;++row)
            if(p[row*c+col]>max[col])
                max[col]=p[row*c+col];
    }

    for(row=0;row<r;++row)                 //输出矩阵,马鞍点加括号
    {
        for(col=0;col<c;++col)
            if(min[row]==max[col])         //马鞍点
                printf("(%d)\t",p[row*c+col]);
                                           //马鞍点加括号输出
            else
                printf("%d\t",p[row*c+col]);
                                           //非马鞍点不加括号输出
        printf("\n");                      //换行
    }

    free(min);                             //释放动态数组空间
    free(max);
}
```

程序运行结果:

```
6   (3)   5   (3)   4
4   (3)   4   (3)   4
5   2     4   2     5
```

9.2.3 一维数组作为二维数组

一个一维数组可以用一个(一维)指针来表示,例如:

```
int a[5]={10,15,20,25,30};
int* p;
p=a;
```

或

```
int* p=a;
```

在这个赋值中,a 被转换为指向数组首元素 a[0]的指针常量,类型是 int。赋值之后,p[i]与 a[i]等价(0 ≤ i<5),即 p[0:5)与 a[0:5)等价。

如果将一维数组 a 看作是 1 行 5 列的二维整型数组,那么它可以用一个二维指针来表示。例如:

```
int a[5]={10,15,20,25,30};
int(*q)[5];
q=&a;
```

或

```
int(*q)[5]=&a;
```

表达式 &a 是指向整个数组的指针常量,类型是 int[5]。赋值之后,q[0][i]与 a[i]等价(0 ≤ i<5),即 q[0][0:5)与 a[0:5)等价。

在赋值表达式 p=a 中,a 表示的是指向数组首元素的指针常量,而在表达式 &a 中,a 表示的是整个数组对象。虽然 a 和 &a 都是指针常量,但是类型不同:a 指向的对象是数组 a 的首元素 a[0],类型是 int,a+1 的增量是 4,是一个数组元素的字节数,而 &a 指向的对象是整个数组 a,类型是 int[5],&a+1 的增量是 20,是整个数组的字节数。

程序 9.5 分别用一维指针和二维指针输出一维数组。

```
#include<stdio.h>
int main( )
{
    int i;                      //索引
    int a[5]={10,15,20,25,30};
    int* p=a;                   //一维指针
    int(*q)[5]=&a;              //二维指针

    for(i=0;i<5;i++)
        printf("%d\t",p[i]);
    printf("\n");
```

```
    for(i=0;i<5;i++)
        printf("%d\t",q[0][i]);
    printf("\n");
    return 0;
}
```

程序运行结果：

```
10   15   20   25   30
10   15   20   25   30
```

9.3 指针数组和二级指针

1. 指针数组

所谓**指针数组**，是指数组元素为指针的一维数组。它的定义格式如下：

类型 * 数组名［数组长度］；

例如：

```
char* c[5];
```

这是字符型指针数组，每一个数组元素都是字符型指针，可以等价于字符数组或字符串。

```
c[0]="File";c[1]="Edit";c[2]="View";c[3]="Run";c[4]="Tools";
```

或者

```
char* c[5]={"File","Edit","View","Run","Tools"};
```

这时，每一个数组元素都等价于一个字符串，如图 9–6 所示。

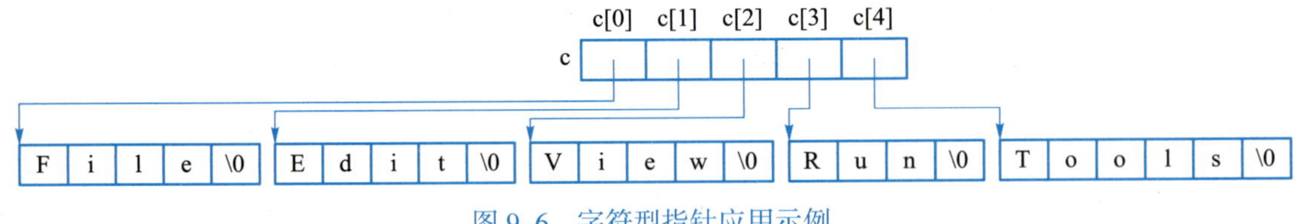

图 9–6　字符型指针应用示例

2. 二级指针

以上面的字符型指针数组 c 为例，当数组 c 被转换为指向数组首元素的指针时，c 指向的对象依然是指针。这种指向指针的指针称为**二级指针**。二级指针变量的定义格式如下：

类型 ** 指针；

例如：

```
char ** p;
```

p 是指针的指针，它的值应该是字符型指针的地址，即它应该指向一个字符型指针。

程序 9.6 以二级指针为参数,输出一组字符串。

```
#include<stdio.h>
void DisplayStringArray(char** p,int n);
int main( )
{
    char* a[5]={"File","Edit","View","Run","Tools"};
    DisplayStringArray(a,5);
    return 0;
}
void DisplayStringArray(char** p,int n)
{
    int i;
    for(i=0;i<n;++i)
        printf("%s\t",p[i]);
    printf("\n");
}
```

程序运行结果:

```
File  Edit  View  Run  Tools
```

9.4 二级指针和二维数组

二维数组是静态数组,其行数和列数在编译阶段完成。要建立动态的二维数组,需要二级指针,步骤如下。

(1)建立动态指针数组,其长度是二维数组的行数。

(2)为每一个指针数组元素建立动态数组,其长度是二维数组的列数。

例如,建立 5 行 10 列的字符型二维动态数组。

```
char** p;
p=(char**)malloc(5*sizeof(char*));            //长度为 5 的字符型指针数组
for(i=0;i<5;i++)
    p[i]=(char*)malloc(10*sizeof(char));   //长度为 10 的字符型数组
```

如图 9-7 所示。

因为是动态数组,程序结束前要撤销数组空间,撤销的顺序与建立的顺序相反:

```
for(i=0;i<5;i++)
    free(p[i]);
free(p);
```

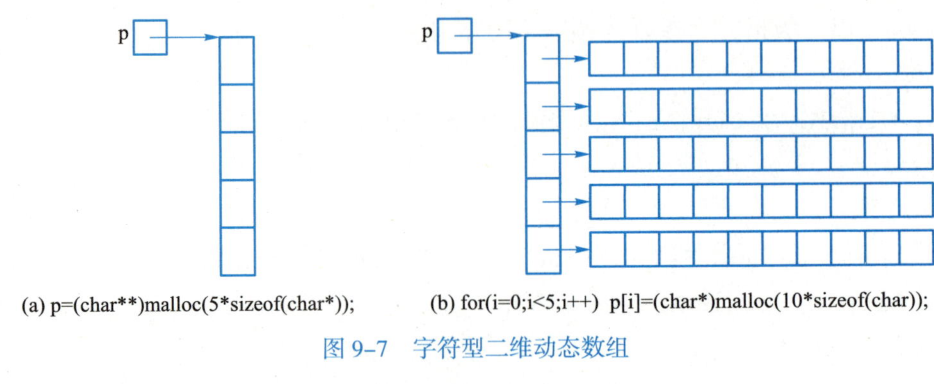

图 9-7 字符型二维动态数组

程序 9.7 以动态字符型二维数组存储并输出一组字符串。

```
#include<stdio.h>
#include<stdlib.h>
void DisplayStringArray(char** p,int n);
int main( )
{
    char** p;
    int i;
//建立动态字符型二维数组
    p=(char**)malloc(5*sizeof(char*));      //长度为 5 的字符型指针数组
    for(i=0;i<5;i++)
        p[i]=(char*)malloc(10*sizeof(char));
                                            //长度为 10 的字符型数组
//输入一组字符串
    printf("Enter 5 strings:\n");
    for(i=0;i<5;i++)
        gets(p[i]);
//输出一组字符串
    DisplayStringArray(p,5);
//撤销动态数组空间
    for(i=0;i<5;i++)
        free(p[i]);
    free(p);

    return 0;
}
void DisplayStringArray(char** p,int n)
```

```
{
      int  i;
      for(i=0;i<n;++i)
            printf("%s\t",p[i]);
      printf("\n");
}
```

程序运行结果(粗体表示输入):

```
Enter 5 strings:
File[Enter]
Eidt[Enter]
View[Enter]
Run[Enter]
Tools[Enter]
File    Eidt    View    Run    Tools
```

程序分析:

静态字符型指针数组由字符串字面量赋值必须初始化,而动态字符型指针数组不能由字符串字面量初始化。作为替代方案,本程序调用字符串基本函数 gets( )从键盘赋值。

练习

一、简要回答以下问题。

1. 什么是二维数组?
2. 什么是二维指针?
3. 什么是指针数组?
4. 什么是二级指针?

二、详细解释以下问题。

1. 举例说明,一个二维数组如何等价于一个一维数组?
2. 举例说明,一个一维数组如何等价于一个二维数组?
3. 对一个长度为 5 的整型数组 a,说明 a 和 &a 有什么区别。

三、根据程序写结果。

1. 已知:int a[3][5]; int(*p)[5]; p=a;

下面的语句输出结果是什么?

(1) printf("%d\n",sizeof(a));

(2) printf("%d\n",sizeof(p));

(3) printf("%d\n",sizeof(a[0]));

(4) `printf("%d\n",sizeof(p[0]));`

2. 已知：int*a[5]; int**p=a;

下面的语句输出结果是什么？

(1) `printf("%d\n",sizeof(a));`

(2) `printf("%d\n",sizeof(p));`

四、判断对错。

1.
```
int a[3][5]
int* p=a[0];
```
2.
```
int a[3][5];
int* p=&a[0][0];
```
3.
```
int a[3][5]
int* p=a;
```
4.
```
int a[3][5];
int(*p)[5]=a;
```
5.
```
int a[3][5];
int(*p)[3]=a;
```
6.
```
int a[3][5]
int* p[3];
p[0]=a[0];
p[1]=a[1];
p[2]=a[2];
```
7.
```
int a[3][5];
int** p=a;
```
8.
```
int* a[3];
int** p=a;
```

五、编写一组语句，建一个5行10列的动态二维整型数组，然后释放数组空间。

六、编写程序。

1 判断n阶矩阵是否对称，对称时，函数返回1，不对称时返回0。

```
int Sym(int* p,int n);
```

2. 计算n阶矩阵上三角元素的和，并作为函数返回值。

```
int Func(int* p,int n);
```

3. 计算n阶矩阵两条对角线元素之和，并作为函数返回值。

```
int SymSum(int* p,int n);
```

4. 计算两个n阶矩阵的乘积，并作为函数返回值。

附录A 命名规则

1. 变量名只能由字母、数字和下划线这三类字符组成。

2. 变量名的第一个字符必须是字母或下划线，但是下划线被视作系统自定义的名称。

3. 变量名有大小写之分。例如，MyId 和 myid 是两个不同的名称。注意：文件名不分大小写。

4. 变量名的长度没有限制，但只有前 32 个字符是有效的。变量名的长短，不影响编译后的目标代码长度。

5. 变量名不能是 C 的**保留字**即**关键字**。保留字是 C 语言预先规定的、具有固定功能和意义的单词或单词的缩写，用户只能按预先规定的含义使用。C 语言提供了 32 个关键字。

6. 变量名应该是描述性的，使人望文生义，读程序更容易，而不是越短越好。例如，

```
int MathGrades;                    // 普通整型变量,存放数学成绩
float employ_salary;               // 单浮点实型变量,存放雇员工资
```

变量名中的每一个逻辑断点都用一个大写字符，这是**骆驼式命名法**，如 MathGrades。每一个逻辑断点用下划线来标记，是**下划线法**，如 employ_salary。

附录B 基本类型

C语言的基本类型有整型、实型和字符型。它们在形式上差别仅仅是类型标识符和输入/输出格式符不同，因此，一种类型的学习很容易平移到另一种类型的学习。本附录中的内容主要用于编程需要时的查询。

B.1 整型

1. 整型种类

按空间大小不同，整型分为普通整型（也称基本整型，简称整型）、长整型（long）和短整型（short）。根据符号有无，上述各类型又分为（符号）整型和无符号整型（unsigned）。一种类型占几个字节，因系统而定。

（符号）整型对象以高位（左第1位）表示符号（0代表正，1代表负），剩余位表示数值。数值以补码形式存放。假设短整型对象占2个字节，其他整型对象占4个字节，那么短整型对象的数值范围是 -2^{15} 至 $2^{15}-1$（-32 768~32 767），普通整型和长整型对象的数值范围是 -2^{31} 至 $2^{31}-1$（-2 147 483 648~2 147 483 647）。无符号整型对象没有符号位，数值位多一个，最大值增加一倍，最小值为0。

2. 基本操作

整型的基本操作主要有：算术运算（+，-，*，/，%），关系运算（<，<=，>，>=，!=），逻辑运算（&&，||，!）。例如，

```
45/20=2         //整除，结果是 2
15/20=0         //整除，结果是 0
14%5=4          //求余，结果是 4
35%7=0          //求余，结果是 0
```

3. 整型字面量

使用最多的常量时字面量，它由数值和表示类型的后缀或界限符组成。例如，52388L表示长整型字面量（L可以换成小写l，但容易和数字1混淆），40000U表示无符号整型字面量（U可以换成小写u）。普通整型字面量的类型是默认的，不加后缀。

整型字面量前加符号0x，表示十六进制字面量，位值10~15分别用0~9和a~f或A~F表示。例如0x12fe，表示十六进制整型字面量12fe。

整型字面量前加符号0，表示八进制字面量，位值0~7。例如0127，表示八进制字面量127。

十进制普通整型字面量20用十六进制表示是0x14，八进制表示是024。

4. 标准输入 / 输出格式

标准输出格式如表 B-1 所示。

表 B-1 整型输出格式说明符

格式说明符	输出形式	举例	输出结果
%d（或 %i）	十进制整型	int n=123; printf("%d", n);	123
%x（或 %X）	十六进制整型	int n=123; printf("%x", n);	7b
%o	八进制整型	int n=123; printf("%o", n);	173
%Ld（%ld）	十进制长整型	long n=123456; printf("%Ld", n);	123 456
%Lo（%lo）	八进制长整型	long n=123456; printf("%Lo", n);	361 100
%Lx（%lx, %lX）	十六进制长整型	long n=123456; printf("%Lx", n);	1e240

标准输出格式也是标准输入格式。例如，

```
long n;
scanf("%Lx",&n);              // 输入一个十六进制长整型数
printf("%Ld",n);              // 以十进制长整型格式输出
```

运行结果（粗体表示输入）：

```
1e240
123456
```

B.2 实型

1. 实型种类

按精度不同，实型分为单精度浮点实型（简称单浮点型 float）、双精度浮点实型（简称双浮点型 double）和长精度浮点型（简称长浮点型 long double）。

单浮点型对象一般占 4 个字节，其余占 8 字节。实数的表示有定点格式和指数格式（即科学计数法）。定点格式（小数形式）用小数点分开整数和小数。指数格式包括尾数和指数两部分，用字符 E（或 e）分开，指数部分表示 10 的多少次方。例如，

```
3.14159                       // 定点格式
1.234E5                       // 指数格式，等于 1.234×10^5
```

2. 基本操作

实型的基本操作主要有：算术运算（+, -, *, /），关系运算（<, <=, >, >=, ! =），逻辑运算（&&, ||, !）。同样是除法，实数除法和整数除法不同，前者保留小数，后者舍去小数。

3. 实型字面量

在默认状态下为双浮点型，例如，314.159 是双浮点型常量。单浮点型常量要加后缀 F（或 f），例如，314.159F 或 314.159f。长浮点型加后缀 L（或 l），例如，3.14159E2L。

4. 输出格式

%f 表示以定点格式（即小数形式）输出，小数点后 6 位，不够以 0 填充；%g 表示以定点格

式输出，去掉小数点后无效 0；%E（或 %e）表示以指数格式输出。

5. 标准输入 / 输出格式

标准输出格式如表 B-2 所示。

表 B-2　实型输入格式说明符

格式说明符	输出形式	举例	输出结果
%f	单浮点十进制，默认小数 6 位	float x=123.5; printf("%f", x);	123.500 000
%g（或 %G）	浮点十进制，舍无效 0	float y=123.5; printf("%g", y);	123.5
%e（或 %E）	浮点十进制指数形式	float z=123.5; printf("%e", z);	1.235000e+002
%Lf（%lf）	双浮点型十进制	printf("%Lf", 123.56789);	123.567 890

B.3　字符型

字符型的主要内容已经在 6.1 节学习过。下面主要学习转义字符。

有一些字符是控制字符，是不可显示字符，如换行、回车、换页；还有一些字符已经有了特殊的用处，如单引号已用作字符型字面量的界限符，双引号已经用作字符串字面量的界限符。这些字符都不能简单地用一个字符来表示，用反斜杠开头的字符序列来表示，这时，反斜杠之后的字符或字符序列不再是本来的含义，而是被转换为另外的含义，称为**转义字符**。例如，转义字符 '\n' 表示换行，'\r' 表示回车。

单引号如果是字符常量，必须加反斜杠才能与字符常量的界限符区分。就是说，要写成 '\'',而不能写成'''。常用转义字符及其代码如表 B-3 所示。

表 B-3　常用转义字符

转义字符	代码	功能
\0	0	空字符，字符型 0 元素
\a	7	音符（bell）
\b	8	退格（backspace）
\t	9	水平制表（horizontal tab）
\n	10 或 0x0a	换行（newline）
\v	11 或 0x0b	垂直制表（vertical tab）
\f	12 或 0x0c	换页（formfeed）
\r	13 或 0x0d	回车（carriage return）
\"	34 或 0x22	双引号（double quote）

续表

转义字符	代码	功能
\′	39 或 0x27	单引号（single quote）
\\	92 或 0x5c	反斜杠（backslash）
\ddd		1 到 3 位八进制数所代表的字符
\xhh		1 到 2 位十六进制数所代表的字符

附录C 编译预处理

编译预处理,顾名思义,编译之前的处理,处理的内容只是简单的替换。

C.1 无参宏指令

编程时,有时希望用符号来表示一些复杂的字面值常量,以减少书写错误,例如,用 PI 表示圆周率 3.141 592 6,用 FORMAT 表示格式控制字符串 "%Lf"。有时希望用习惯或直观的方式表示操作符,以方便阅读,例如,用 AND 表示 &&(逻辑与),用 OR 表示 ||(逻辑或)。实现这一愿望的机制是无参宏指令。无参宏指令的格式为:

```
#define  宏名  宏体
```

在程序中,程序员用宏名表示宏体。在编译时,系统用宏体替换宏名,称为**宏展开**。例如,

```
#define PI 3.1415926
```

其中,PI 是宏名,3.1415926 是宏体。这时的 PI 称为**宏常量**。宏常量一般用大写字母表示。

宏指令不是语句,结尾不带分号。

程序 C.1 输入半径,计算圆面积(利用无参宏指令)。

```
#include<stdio.h>
#define PI 3.1415926
#define FORMAT  "%Lf\n"
int main( )
{
    double r;                    //半径
    double s;                    //面积
    printf("Enter  a radius:\n");
    scanf("%Lf",&r);
    s=r*r*PI;
    printf(FORMAT,s);
    return 0;
}
```

程序运行(粗体表示输入):

```
Enter a radius:
4.5[enter]
63.617250
```

C.2 带参宏指令

一般说来，函数比表达式更容易理解、修改和记忆。因此，可以将宏名扩展为具有函数形式的带参宏名，将宏体扩展为表达式。例如，生成 100 以内的随机数，函数 random(100)是宏名，表达式 rand()%100 是宏体；对两个数求大者，函数 max(a, b)是宏名，表达式 a>b?a:b 是宏体。这便是带参宏指令。带参宏指令的格式为：

```
#define 宏名(参数表) 宏体
```

例如，

```
#define S(r)(r)*(r)*PI
```

程序 C.2 输入半径，计算圆面积（利用带参宏指令）

```
#include<stdio.h>
#define PI 3.1415926
#define FORMAT  "%Lf\n"
#define AREA (r)(r)*(r)*PI
int main()
{
    double r;                          //半径
    double s;                          //面积
    printf("Enter  a radius:\n");
    scanf("%Lf",&r);
    s=AREA(r);
    printf(FORMAT,s);
    return 0;
}
```

程序分析：

(1) 宏展开之后，s= AREA(r)变为 s=(r)*(r)*3.1415926。

(2) 在带参宏指令的宏体中，r 的括号是不可缺少的，因为宏展开与函数调用不同，不是参数传递，而是机械替换，如果缺少括号，可能不会得到应得的结果。例如，假设宏体中的 r 不带括号，

```
#define AREA (r)  r*r*PI
```

程序中包含带参宏名的语句为：

```
s= AREA(3+5);
```

那么，宏展开之后为：

```
s=3+4*3+4*3.1415926;
```

显然，这不是需要的结果。

（3）带参宏名不是函数，只是具有函数形式的表达式。它既保留了函数的易懂、易表示的形式，又省去了函数调用的开销；既保留了表达式的执行效率，又克服了表达式不易书写、难以控制的缺点。

C.3　条件编译指令

一个程序可能要调用多个函数，这些函数可以按类划分为多个模块，每一个模块都是一个扩展名为 .c 的文件，其中只有一个模块包含主函数，称为主控模块。

在第 4 章、第 5 章、第 6 章和第 8 章中，都设计了用户头文件。每一个头文件都可能由多个模块调用，为了避免重复编译，在头文件中，需要引入条件编译指令。以头文件 Seqlist.h 为例，格式为：

```
#ifndef  SEQLIST_H          //用大写字母和下划线
#define  SEQLIST_H
函数声明和定义
#endif
```

意思是：如果文件没有编译，就进行编译。

参考文献

[1] SAHNI S. 数据结构、算法与应用:C++ 语言描述[M]. 王立柱,刘志红,译 .2 版 . 北京:机械工业出版社华章公司,2015

[2] WEISS M A. 数据结构与算法分析:C++ 描述[M]. 张怀勇,等译 . 3 版 . 北京:人民邮电出版社,2007

[3] STROUSTRUP B. C++ 程序设计原理与实践[M]. 王刚,刘晓光,吴英,李涛,译 . 北京:机械工业出版社,2010

[4] LIPPMAN S B. C++ Primer[M]. 潘爱民,张丽,译 . 3 版 . 北京:中国电力出版社,2004

[5] ECKEL B. C++ 编程思想[M]. 刘宗田,邢大红,孙慧杰,等译 . 北京:机械工业出版社 .2001.

[6] STEVENS A, WALNUM C. 标准 C++ 宝典[M]. 林丽闵,别红霞,等译 . 北京:电子工业出版社 .2001.

[7] VANDEVOORDE D, JOSUTTIS N M. C++ Templates 中文版[M]. 陈伟柱, 译 . 北京:人民邮电出版社,2004

[8] FORD W, TOPP W. 数据结构:C++ 语言描述[M]. 刘卫东,沈官林,译 . 北京:清华大学出版社,1998

[9] POHL I. C++ 教程[M]. 陈朔鹰,等译 . 北京:人民邮电出版社,2007

[10] BRONSON G J. A First Book of ANSI C[M].4 版 . 北京:电子工业出版社,2006